高职高专规划教材

工 程 材 料

孔祥平 主编
王陵茜 主审

中国建筑工业出版社

图书在版编目(CIP)数据

工程材料/孔祥平主编. —北京：中国建筑工业出版社，2010.8

高职高专规划教材

ISBN 978-7-112-12414-5

Ⅰ.①工… Ⅱ.①吴… Ⅲ.①工程材料—高等学校：技术学校—教材 Ⅳ.①TB3

中国版本图书馆 CIP 数据核字(2010)第 171042 号

本书为高职高专规划教材。本书主要内容包括：材料管理知识，建筑材料的基本性质，建筑主体材料，装饰工程材料，水、暖、电气材料等。本书可作为高职高专建筑工程技术、工程造价类专业学生教材，也可供相关专业工程技术人员参考。

* * *

责任编辑：朱首明 李 明

责任设计：肖 剑

责任校对：赵 颖 关 健

高职高专规划教材

工 程 材 料

孔祥平 主编

王陵茜 主审

*

中国建筑工业出版社出版、发行(北京西郊百万庄)

各地新华书店、建筑书店经销

北京天成排版公司制版

北京同文印刷有限责任公司印刷

*

开本：787×1092毫米 1/16 印张：12 字数：300千字

2010年10月第一版 2010年10月第一次印刷

定价：**22.00**元

ISBN 978-7-112-12414-5

(19654)

前　言

本教材是为了适应新形势下高职高专建筑经济管理专业人才培养规格、岗位能力需求的变化和教学改革的需要而编写。全书共分五章，分别介绍了建筑工程上所用材料的管理知识、材料的基本性质、建筑主体材料、建筑装饰材料、水电材料等内容。

《工程材料》是建筑经济管理专业的一门主要专业课程，主要讲解建筑工程中所用材料在进入施工现场后，应从哪些方面进行验收和保管。特别是在验收方面作了比较详细的介绍，使施工现场的材料管理人员知道，在建筑工程中所使用的材料不仅要对材料的出厂资料进行验收，还应着重对实物进行多方面验收。本教材在专业技术标准方面，采用国家最新颁发的规范、标准和规定。通过本课程学习，学生能根据施工现场的特点，对具体建筑工程中所用材料进行正确的采购、验收和保管。

本书由四川建筑职业技术学院孔祥平任主编、吴明军任副主编，四川建筑职业技术学院王陵茜副教授主审。编写分工为孔祥平(第1章、第3章、第4章)、吴明军(第2章)、乔小华(第5章)。

由于编者水平有限，书中难免有错误和不妥之处，恳请读者批评指正。

目　录

第一章　材料管理知识

第一节　材　料　管　理

施工现场材料管理员的职责是进行材料管理，即根据施工企事业的生产任务、材料计划进行材料的采购、保管和使用供应。

材料管理员应服从项目负责人的安排，根据工程进度计划和材料采购单采购到既合格又经济的材料。材料采购员在采购材料时要掌握生产厂家、材料质量及材料价格方面的信息，采购的材料要有出厂合格证，销售材料的单位要经过认证，有些材料要有“三证一标志”，运输材料时要根据材料的特点作好安排，以免材料受潮、损坏。在组织材料进库时，要先验收合格后方允许入库，入库的材料要分门别类堆放、保管，要防雨雪、防潮、防锈、防火、防毒、防碰撞，并建立完善的材料出入库手续和材料管理制度。

一、建筑材料管理的任务

从广义上讲，建筑材料的管理应包括建筑材料的生产、流通、使用的全过程。

1. 建筑材料的生产管理

建筑材料的生产属于工业企业管理的范畴。国家、行业和地方有关部门对有关生产企业的管理都制定有相关的法律、法规，并通过颁布这些法律法规、产品质量标准(国家标准、行业标准、地方标准和企业标准)、实施生产许可管理等。再加上企业自身的各种管理制度，来控制企事业生产出合格产品满足社会需要。

对违反国家法律法规、生产方式落后、产品质量低劣、环境污染严重和能耗高的落后生产能力、工艺和产品，由有关部门根据规定作出处理，定期予以公布。如1999年1月和1999年12月，国家经贸委就曾两次颁布了淘汰、限制落后生产力、生产工艺和产品的目录。

各地区、各部门和有关企业要采取有力措施，限期坚决淘汰落后的生产能力、工艺和产品，一律不得新上、转移、生产和采用目录所列的生产能力、工艺和产品。

为进一步规范建材产品的生产管理，地方有关部门在各级贯彻国家、行业方针的同时还制定了相当多的实施细则和补充规定，对尚未纳入国家、行业、地方标准和许可范围的产品质量也采取了其他办法予以控制。

2. 建筑材料流通过程管理

物质资料由材料生产企业转移到需用地点的活动，称为流通。建筑材料被建筑企事业购进，经过运输、储存、供应和加工等环节，使企业获得了建筑生产所需要的不同品种的材料，并通过与生产过程的结合，构成了新的产品——建筑产品。所以建筑材料流通过程的管理就是指材料从采购开始经过运输、储存、供应到施工现场或加工制作的全过程管理，也可以说是建筑材料生产和建筑材料使用之间的桥梁。材料流通过程的管理一般是由企业材料管理部门实现的，成为建筑企业材料管理的主要内容。

3. 建筑材料使用管理

建筑产品的建造过程，也是建筑材料的使用过程和消耗过程，所以建筑材料的使用管理也是材料消耗管理。主要是根据建筑产品的要求，合理而节约地组织材料的使用，完成产品建造。建筑材料使用管理一般由建筑产品的建造者——工程项目部实现的，是项目部建筑材料管理的主要内容。它包括材料计划、进场验收、储存保管、材料颁发、使用监督、材料回收和周转材料管理等。

建筑材料门类多、品种多，性能各异，而建筑产品也是变化大，加之流动性、阶段性、生产受气候影响，这就给建筑材料的流通、使用管理带来不少困难。因此，如何满足供求需要，保证采购供应与企业生产的协调，如何在保证供应的前提下，做到降低消耗、降低成本，提高企业的经济效益，即如何用科学的管理方法，对企业所需材料的计划、供应和使用进行合理组织、调配和控制，以最低的成本保证生产任务的完成，就成为建筑工程材料使用管理的根本任务。

二、建筑材料管理的主要内容

建筑材料是建筑企业生产的三大要素(人工、材料、机械)之一，是建筑生产的物资基础，必须像其他生产要素一样，抓好主要环节的管理。

1. 抓好材料计划的编制

编制计划的目的，是对资源的投入量、投入时间和投入步骤作出合理的安排，以满足企业生产实施的需要。计划是优化配置和组合的手段。

2. 抓好材料的采购供应

采购是按编制的计划，从资源的来源、投入到施工项目的实施，使计划得以实现，并满足施工项目需要的过程。

3. 抓好建筑材料的使用管理

即是根据每种材料的特性，制定出科学的、符合客观规律的措施，进行动态配置和组合，协调投入、合理使用，以尽可能少的资源来满足项目的使用。

4. 抓好经济核算

进行建筑材料投入、使用和产出的核算，发现偏差及时纠正，并不断改进，以实现节约使用资源、降低产品成本、提高经济效益的目的。

5. 抓好分析和总结

进行建筑材料流通过程管理和使用管理的分析，对管理效果进行全面的总结，找出经验和问题，为以后的管理活动提供信息，为进一步提高管理工作效率打下坚实的基础。

可见，建筑材料管理是建筑企业进行正常施工，促进企业技术经济取得良好效果，加速流动资金周转，减少资金占用，提高劳动生产率，提高企业经济效益的重要保证。

第二节 材料质量监督管理

作为建设工程中挪用材料的管理人员，必须清醒地意识到材料质量在建设工程中的积极性，并了解和掌握国家、地方对材料质量实施监督管理的相关政策和要求，同时应了解行业管理部门对建设工程材料的监督检查和处理方式，从而指导自身在建设工程中更好地实施对建筑材料的管理。

一、建设工程材料质量监督管理概述

(一) 建设工程材料质量的重要性

建设工程材料的质量关系重大，工程质量事故均与所使用劣质的建设工程材料质量有关，据不完全统计由于材料造成的工程质量事故占工程质量事故总数的25%。而且一些有害物质超标的装饰装修材料对室内环境造成污染，危害人体健康。因此抓好材料质量监督管理工作，对确保建设工程的安全和保障人民生命财产安全有着至关重要的影响。

(二) 建设工程材料质量监督管理的内涵

1. 建设工程材料质量的内涵

目前尚未有一个专业研究论文或是管理文件对建设工程材料质量有一个明确的定义。只能从质量的定义及对质量认识理念的演变来对建设工程材料质量进行定义。

(1) 质量理念的演变

质量的本质是用户对一种产品或服务的某些方面所作出的评价，在ISO 9000体系认证中对“质量”的定义是：产品、体系或过程的一组固有特性满足顾客和其他相关方要求的能力。随着时代的发展，质量理念也在不断地演变。

1) 符合性质量：20世纪40年代，符合性质量概念以符合现行标准的程度作为衡量依据，“符合标准”就是合格的产品质量，符合的程度反映了产品质量的水平。

2) 适用性质量：20世纪60年代，适用性质量概念以适合顾客需要的程度作为衡量依据，从使用的角度定义产品质量，认为质量就是产品的“适用性”。质量涉及设计开发、制造、销售、服务等过程，形成了广义的质量概念。

3) 满意性质量：20世纪80年代，质量管理进入到TQC(全面质量管理)阶段，将质量定义为“一组固有特性满足要求的程度”。它不仅包括符合标准的要求，而且以顾客及其他相关方满意为衡量依据，体现“以顾客为关注焦点”的原则。

4) 卓越质量：20世纪90年代，摩托罗拉、通用电气等世界顶级企业相继推行6Sigma管理，逐步确定了全新的卓越质量理念——顾客对质量的感知远远超出其期望，使顾客感到惊喜，质量意味着没有缺陷。

(2) 新时期建设工程材料质量的定义

目前我国建材企业对质量的认识基本停留在符合性质量和适用性质量阶段，少数个别大型建材企业集团已在考虑迈进“满意性质量”阶段。企业质量意识的落后是行业整体质量水平不高的重要原因。所以我们对质量的认识也不应该仅仅停留在建材产品满足产品标准中各项指标要求的本身质量。因此无论是对于建材生产商、供应商，还是对于采购单位、使用单位、监理单位、检测机构，甚至是对于建材质量主管部门，都要对建设工程质量有更高的认识。即所谓建设工程材料质量，就是除产品本身质量外还包含建材产品从生产到销售到使用这一流程中，各方主体为确保该产品满足产品标准中各项指标要求或满足使用所发生的质量行为。

2. 建设工程材料质量监督管理的定义

为了确保行政区域内的建设工程中所使用的建材质量符合相应产品标准和验收规范，并确保建材生命周期内参与各方围绕建材质量所发生的行为不违规，以保证建设工程质量安全、人身安全和公共利益为目的，政府行政管理部门采取相应行政措施(行政许可、行政处罚等)及委托社会中介机构等相关组织对行业进行监管，以及根据形势提出行业要求，这一系列与建材质量相关的活动可视作建设工程材料质量监督管理。

（三）建设工程材料质量监督管理的特点

作为一项管理工作，由于管理对象不同，必有其区别于其他管理工作的自身特点。同样作为建设工程材料质量监督管理也有区别其他产品质量监督管理的特点：

1. 充分认识建材的专业属性

建设工程材料品种繁杂、量大面广，有钢材、水泥等老工业产品，也有化学建材等新型建材；有砂石等地方材料，也有粉煤灰等其他领域次生产品。产品的材性差异很大，运输包装、储存保管、检测手段等有一定要求，鉴别和判定也有一定的专业要求和时限，部分产品的质量潜在指标反应滞后，需要科学和经验的结合判定，需要对产地和产品的事先了解和监控。因此这项管理有着较高的专业要求。

2. 抽样检测必不可少

建材产品具有从原料到成品生产不间断、环节多、连续性强的基本特点，同时建材产品的质量检验采用的是抽样检验，质保书上的检验参数实际上反映的是某一单位时间内生产的产品质量情况，因此出厂合格的产品中仍有不合格品。为了防止不合格材料用于工程，实行质量监督抽样检测是保证材料质量的一个极其重要的环节。因此拿数据说话也是这项管理工作的特点之一。

3. 管理的全过程覆盖

建材的生命周期全过程可以划分为资源开采与原材料制备、建材产品的生产与加工、建材产品的使用、建材产品废弃物的处置与资源化再生四个阶段，在每个阶段都对应不同的产业过程(图 1-1)。

建材产品从生产、销售、运输、储存、使用、维护保养，始终存在着各种影响质量的不稳定因素。系统思考的观点告诉我们，一个流水线有 100 个工序，当每个工序的质量均保证为 99%，最终的质量却仅达 35%。因此对建设工程材料的管理必须是全过程、广覆盖的监督管理。需投入较大的人力进行网络管理、动态

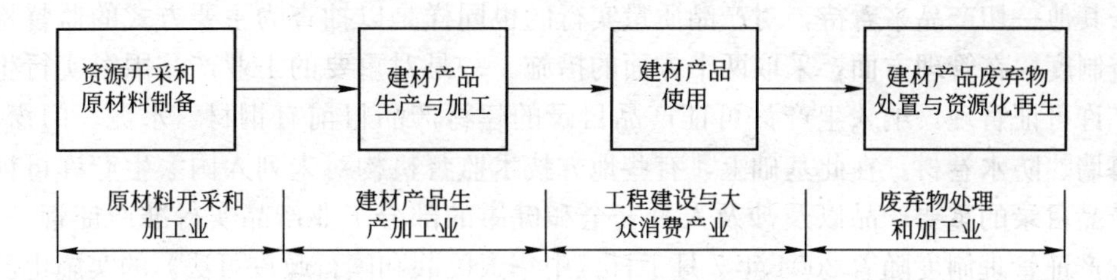

图 1-1　建材产品先例周期与相关产业示意图

监控、跟踪检查和及时处理，避免在某一环节发生质量事故造成工程返工和经济损失。

（四）建设工程材料质量监督管理的范围

监督检查和处理的范围是行政辖区内的三大领域：

(1) 建筑材料生产领域，即指建筑材料经生产、加工最终成为产品的整个制造领域。

(2) 建筑材料流通领域，即指建筑材料产品从生产厂家或生产地出厂，到进入使用现场前的这一中间流转所涉及的领域。

(3) 建筑材料使用领域，即指建筑材料产品被使用的场所。

（五）建设工程材料质量监督管理的对象

(1) 监督检查和处理的对象涵盖用于建设工程的三大材料

1) 钢材、水泥、混凝土、构件等结构性材料。

2) 管道、门窗、防水材料等功能性材料。

3) 涂料、板材、石材等装饰性材料。

(2) 监督检查和处理的对象涉及行政辖区内的违反建材相关法律法规以及规定的行为主体，主要有六个方面：①建材生产企业；②建材经销企业；③建材采购企业；④建材使用企业；⑤建材监理企业；⑥建材检测企业。

二、我国建设工程材料质量监督管理现状

（一）建材行业管理的历史沿革

建设工程材料在我国作为一种工业产品，由于历史原因建材管理职能一直归属国家建材局，各地也有各自的建材局。2001 年机构改革后国家建材局撤销，相应的职能归入国家经贸委。各省市的建材局从 1994 年已陆续撤销。同时在各省市的经贸委成立了建材管理办公室。这些建材管理办公室主要从事指导建材行业重大技术改造、技术引进、新产品开发和建材资源综合利用等工作，对建材的质量不行使监管职能。在质量方面，建材作为工业产品的一种，由国家质量技术监督局(2001 年国家质量技术监督局和国家出入境检验检疫局合并成立了国家质量技术监督检验检疫总局)实施管理。由于建材的特点，其他一些职能部门也在相应的职能范围内对建材质量进行管理。

（二）质量技术监督机构对建材质量的管理

《中华人民共和国产品质量法》规定国家和地方质量技术监督机构对生产领域和流通领域的建设工程材料质量进行监督管理。质量技术监督机构将建材等同于其他一切产品来看待，对产品质量实行的也同样是以抽查为主要方式的监督检查制度。在管理方面，采取两个方面的措施。一是对重要的工业产品国家实行生产许可证管理，纳入生产许可证产品目录的建材产品目前有钢材、水泥、门窗、幕墙、防水卷材。在此基础上，有些地方技术监督机构对未列入国家生产许可证产品目录的重要产品以及涉及人身安全和健康的部分工业产品实行准产证管理。准产证管理制度随着2004年7月1日《中华人民共和国行政许可法》的实施也已不存在。二是最近推行产品质量认证制度和企业质量体系认证制度。企事业单位根据自愿原则向国务院产品质量监督管理部门或者其授权的部门认可的认证机构申请认证。随着对环保和人体健康的日益重视，2001年12月起国家实施了强制性产品认证制度，强制认证目录中的建材产品内现只有安全玻璃一种。

（三）工商行政管理部门对建材质量的管理

工商行政管理部门对流通领域的建材产品的经营范围、假冒侵权等质量行为进行监管，对材料本身质量不行使监管职能。但是2001年国务院赋予工商行政管理机关流通领域商品质量监督管理的职能，同年10月国家工商总局出台了《商品质量监督抽查暂行办法》，明确工商行政管理机关可以在流通领域进行商品质量监督抽查。

（四）建设行政主管部门对建材质量的管理

在使用领域里，20世纪90年代初国内一些相对发达地区的建设行政主管部门开始对进入本行政区域内的建设工地的材料实行了准用管理。通过对建材生产企业发放准用证以防止劣质建材流入本行政区域内的建设工地，确保建设工程质量。随着2004年7月1日《中华人民共和国行政许可法》的正式实行，以前实施建设工程材料准用管理的地区基本上转变为备案管理。

（五）其他政府职能部门的建材质量的管理

除此之外，卫生、消防、环保等部门对部分特殊用途的建材产品实施专业管理，如卫生部门对给水管道有卫生要求，消防部门对消防管道有消防要求，环保部门对防水材料有环保评价要求。

三、建设工程材料质量监督管理制度

（一）建设工程材料备案管理制度

部分省市的建设管理部门对进入建设工程现场的建材实施备案管理制度。备案制的特点是先设立、后备案，备案是为了能够行使法定的义务和权力，而不是为了获得审批或核准。

（二）建设工程材料质量监督检查制度

在市场经济中，市场的良好运行，有赖于政府主管部门的依法监督管理。市场主体从各自的经济利益出发，破坏市场规则在所难免。为维护市场秩序，创造良好的公平竞争环境，就需要政府部门对合法经营活动予以切实保护，对违法经营活动予以坚决打击。建设工程材料质量监督检查主要有日常监督检查、现场综合检查、整改复检等形式。

（三）建设工程材料抽样检测制度

建设质量监督机构委托具备抽样检测资质的建材抽样检测机构对进入建设工

程施工现场的材料实施抽样检测。

（四）建设工程材料警示提示制度

建材质量监督部门对无证材料、不合格材料和有质量违规行为的生产企业定期发布警示通知，提醒社会慎用此材料。另对材料采购、使用、监理、检测的不合格行为进行公布，提醒社会对相关违规企业的警惕，加大违规企业的违规成本。

（五）包装和标识管理制度

《产品质量法》对产品的包装和标识有着明确规定。国家按照国际通行规则、我国现实状况和不同产品的特点，推行各种包装和标识制度。对有环保、安全要求的建材产品，明确相应的认证机构和标识管理制度，避免造成建材市场局面混乱和消费者真假难辨，促使整个市场的健康发展。

第三节　材料计划与材料的采购供应

一、材料消耗定额

材料消耗定额是编制材料计划，确定材料供应量的依据。

（一）定额的含义

建设工程定额是指在工程建设中单位产品人工、材料、机械和资金消耗的规定额度，是在一定社会生产力发展水平的条件下，完成工程建设中的某项产品与各种生产消费之间的特定的数量关系，建设工程定额属于消费定额性质，是由人工消耗定额、材料消耗定额和机械消耗定额三部分组成。

（二）施工定额

施工定额是具有合理劳动组织的建筑工人小组，在正常施工条件下为完成单位合格产品所需的人工、材料、机械消耗的数量标准，它是根据专业施工的作业对象和工艺制定的，施工定额反映企业的施工水平、装备水平和管理水平，可作为考核施工企业劳动生产率水平、管理水平的标尺和确定工程成本、投标报价的依据。施工定额是企业定额，是施工企业管理的基础，也是建设工程定额体系的基础，也就是说以众多施工企业的施工定额为基础，加以科学的综合，就可编制出以分部分项工程为对象的预算定额、概算指标，进而可进行建设工程投资造价的估算。

（三）材料消耗定额

综上所述，可清楚地知道，材料消耗定额就是在正常施工条件下，完成单位合格产品所需的材料数量指标。有了这个指标，根据建筑产品的工程量，就可计算出材料的需用量，所以说材料消耗定额是材料需用量计划的编制依据。作为材料管理人员要懂得材料消耗定额的含义并要在具体工作中学会应用，因为施工中材料消耗的费用差不多占工程成本的60％～70％，所以材料消耗量的多少，消耗是否合理，不仅关系到资源是否有效利用，而且对建筑产品的成本控制起着决定性的作用。

二、材料计划

（一）计划类型

材料计划一般按用途分类，主要材料计划有需用量计划、采购计划、供应计划、加工订货计划、施工设置用料计划、周围材料租赁计划和主要材料节约计划等。由于建筑产品建设周期的长期性；施工工序的复杂性、多变性；建筑材料的多样性和大量性，建筑企业不可能也不必要把一个项目所需的材料一次备齐，因此在作好每个项目的总需量计划外，还必须按施工工序、施工内容作年度、季度、月度甚至旬的计划，只有这样才能以最少的资金投入保证材料及时、准确、合理、节约地供应和使用，满足工程需要。

（二）项目材料计划的编制依据和内容

1. 施工项目主要材料需要量计划

（1）项目开工前，向公司材料机构提出一次性材料计划，包括总计划、年计划。

（2）依据施工图纸、预算，并考虑施工现场材料管理水平和节约措施编制材料需要量。

（3）以单位工程为对象，编制各种材料需要量计划，而后归集汇总整个项目的各种材料需要量。

（4）该计划作为企业材料机构采购、供应的依据。

2. 主要材料月(季)需要量计划

（1）在项目施工中，项目经理部应向企业材料机构报出主要材料月(季)需要量计划。

（2）应依据工程施工进度编制计划，还应随着工程变更情况和调整后的施工预算及时调整计划。

（3）该计划内容主要包括各种材料的库存量、需要量、储备量等数据，并编制材料平衡表。

（4）该计划作为企业材料机构动态供应材料的依据。

3. 构配件加工订货计划

（1）在构件制品加工周期允许时间内提出加工订货计划。

（2）依据施工图纸和施工进度编制。

（3）作为企业材料机构组织加工和向现场送货的依据。

（4）报材料供应部门作为及时送料的依据。

4. 施工设施用料计划

（1）按使用期提前向供应部门提出施工设施用料计划。

（2）依据施工平面图对现场设施的设计编制。

（3）报材料供应部门作为及时送料的依据。

5. 周转材料及工具租赁计划

（1）按使用期，提前向租赁站提出租赁计划。

（2）要求按品种、规格、数量、需用时间和进度编制。

（3）依据施工组织设计编制。

(4) 作为租赁站送货到现场的依据。

6. 主要材料节约计划

根据企业下达的材料节约率指标编制。

(三) 施工项目材料计划的编制

1. 施工项目材料需要量计划编制

以单位工程为对象计算各种材料的需要量，即在编制的单位工程预算基础上，按分部分项工程计算出各种材料的消耗数量，然后在单位工程范围内，按材料种类、规格分别汇总，得出单位工程各种材料的定额消耗量。在考虑施工现场材料管理水平及节约措施后即可编制出施工项目材料需要量计划。

2. 施工项目月(季、半年、年)度计划编制

主要计算各种材料的需要量、储备量，经过综合平衡后确定材料的申请、采购量。

(1) 各种材料需要量确定的依据是：计划期生产任务和材料消耗定额等。其计算公式：

某种材料需要量＝Σ(计划工程量×材料消耗定额)

(2) 各种材料库存量、储备量的确定

计划期初库存量＝编制计划时实际库存量＋期初前的预计到货量
－期初前的预计消耗量

计划期末储备量＝(0.5～0.75)经常储备量＋保险储备量

经常储备量即经济库存量，保险储备量即安全库存量。当材料生产或运输受季节影响时，需考虑季节性储备。其计算公式如下：

季节性储备量＝季节储备天数×平均日消耗量

(3) 编制材料综合平衡表(表 1-1)提出计划期材料进货量，即申请量和市场采购量。

材料平衡表　　　　表 1-1

<table>
<tr><th rowspan="3">材料名称</th><th rowspan="3">计量单位</th><th colspan="8">计划期</th><th rowspan="3">备注</th></tr>
<tr><th rowspan="2">需要量</th><th colspan="5">储备量</th><th colspan="2">进货量</th></tr>
<tr><th>期末储备量</th><th>期初库存量</th><th>期内不用数量</th><th>尚可利用资源</th><th>合计</th><th>申请量</th><th>市场采购量</th></tr>
<tr><td></td><td></td><td></td><td></td><td></td><td></td><td></td><td></td><td></td><td></td><td></td></tr>
</table>

材料申请采购量＝材料需要量＋计划期末储备量－(计划期初库存量
－计划期内不用数量)－企业内可利用资源

计划期内不用数量是考虑库存中，由于材料、规格、型号不符合计划期任务要求，扣除的数量。可利用资源是指积压呆滞材料的加工改制、废旧材料的利用、工业废渣的综合利用，以及采取技术措施可节约的材料等。

在材料平衡表的基础上，分别编制材料申请计划和市场采购计划。

三、材料采购供应

采购供应的内容是包括从采购开始，经过运输、储存到施工现场或加工场所

的流通过程，也是材料流通过程的管理，是同一事物在不同阶段的存在状态的具体体现。材料采购供应的每一个环节与市场关系极大，而且材料采购为材料供应的首要环节。随着材料市场的不断完善，材料流通渠道和采购措施日益增多，能否选择适用经济的材料，按质、按量并及时送到施工现场，对于保证生产、提高产品质量、提高企业经济效益有重大意义。

（一）材料采购

目前建筑施工企业在材料采购管理体制方面有三种管理形式：一是集中采购管理；二是分散采购管理；还有一种是既集中又分散的管理形式。采用什么形式应由建筑市场、企业管理体制及所承包的工程项目的具体情况等综合考虑决定，但目前大多数的企业采购权主要集中在企业，由企业材料机构对各工程项目所需的主要材料实行统一计划、统一采购、统一调度和统一核算，在企业范围内进行动态配置和平衡协调。这样可以改变企业多渠道供料，多层次采购的低效状态，也有利于企业建立内部材料管理制度。

1. 材料采购工作内容

（1）编制材料采购计划。材料采购计划是在各工程项目材料需用量计划的基础上制定的，必须符合建筑产品生产的需要，一般是按照材料分类，确定各种材料(包括品种、名称、规格、型号、质量及技术要求)采购的数量计划。

（2）确定材料采购批量。采购批量即一次采购的数量，材料采购计划必须按生产需要以及采购资金及储存的实际情况有计划分期分批地进行。采购批量直接影响费用占用和仓库占用，因此必须选择各项费用成本最低的批量为最佳批量，即经济批量。

（3）确定采购方式。掌握市场信息，按材料采购计划，选择确定采购对象，尽量做到货比三家；对批量大、价格高的材料可采用招标方式，以降低采购成本。

（4）材料采购计划实施。包括材料采购人员与提供材料产品的生产企业或产品供销部门进行具体协商、谈判，直至订货成交等内容。

2. 材料采购计划实施中的几个问题

材料采购是供需双方就材料买卖协商同意达成的一种协议，这种协议还常以书面的形式表现，即采购合同，因此在实施材料采购计划时，必须符合有关合同管理的一般规定，并注意以下几点：

（1）谈判是企业取得经济效益的最好机会。因为谈判内容一般为供需双方对权利、义务、价格等事关双方切身利益的探讨，是影响企业利益的重要因素，因此必须抓住。

（2）在谈判的基础上签订书面协议或合同。合同内容必须准确、详细，因为协议、合同一旦签订，就必须履行。材料采购协议或合同一般包括：材料名称(牌号)、商标、品种、规格、型号、等级；质量标准及技术标准；数量和计量；包装标准、包装费及包装物品的使用办法；交货单位、交货方式、运输方式、到货地点、收货单位(或收货人)；交货时间；验收地点、验收方法和验收工具要求；单价、总价及其他费用；结算方式以及双方协商同意的其他事项。

(3) 协议、合同的履行。协议、合同的履行过程，是完成整个协议、合同规定任务的过程，因此必须严格履行。在履行过程中如有违反就要承担经济责任、法律责任，同时违约行为有时往往会影响建筑产品生产。

(4) 及时提出索赔。索赔是合法的正当权利要求，根据法律规定，对并非由于自己过错所造成的损失或者承担了协议、合同规定之外的工作所付的额外支出，就有权向承担责任方索回必要的损失，这也是经济管理的重要内容。

(二) 材料运输

材料流通过程管理各环节既相对独立，又相互联系，采购计划的落实也就是运输目标和材料流向已经明确，如何将材料以最短的运输里程、最少的运输时间、最低的运输费用，把材料及时、准确、经济、安全地运送到目的地，确保工程需要，就成为材料运输的主要任务。

1. 材料运输规程

材料运输专业性很强，其规程是承、托运双方按照约定将材料从起运点运输到约定地点，托运人或收货人支付票款或运输费用的协议(合同)。材料运输有铁路、公路、水路、航空及管道五种方式，根据我国规定，货物运输由中央和地方交通部门以颁布规程、规则、办法等方式为指导，货物运输规程的各项规定，是运输部门和收发货人之间划分权利和义务的依据，也是运输协议(合同)的基本内容，承、托运人必须履行。

按照货物运输规程，主要内容包括：货物的托运、受理和承运；货物的装卸，货物的到达和支付，货物到达的期限；货运事故赔偿和运输费用的追补；承运部门与收货、发货人责任的划分；货物的运输价格；其他有关货物运输的规定等。

2. 材料运输工具的选择

材料运输分为普通材料运输和特种材料运输：

(1) 普通材料运输。指不需要特殊运输工具装运的一般材料的运输。如砂、石、砖等可使用铁路的敞车、水路的普通货船或货驳及一般载重汽车。

(2) 特种材料运输。特种材料运输有超限材料运输和危险品材料运输。

超限材料即超过运输部门规定标准尺寸和标准重量的材料；危险品材料是指具有自燃、易燃、爆炸、腐蚀、有毒和放射等特性，在运输过程中会造成人身伤亡及财产遭受损毁的材料。

特种材料运输必须按照交通运输部门颁发的超长、超限、超重材料运输规程和危险品材料运输规程办理，用特殊结构的运输工具或采取特殊措施进行运输。

3. 及时、准确、经济、安全地组织运输

材料运输品种多，数量大，必须综合考虑各种有利、不利因素，组织好材料的发运、接收和必要的中转业务，以尽量减少损耗和各环节的协调配合做到节省费用支出，达到降低成本、提高企业经济效益的目的。

(三) 材料储存

材料储存是材料流通过程的重要环节。广义上讲应包括两方面的内容，一是指保证建筑产品正常生产的主要材料，按需用量计划到达使用地点的储存，另外是指材料流通过程中必要的储备。

材料储备是调节生产需要和采购之间矛盾，保证生产正常进行的必要条件。材料采购工作主要内容之一的采购批量的确定就涉及材料储备的概念，因为材料储备量的大小与企业的经济有着密切的关系，储备量越多，资金和仓库的占用量就越多，就越不经济。在当今市场经济逐步完善，流通领域的社会化逐步发展的新形势下，企业储备也应逐渐走向社会化，因此企业储备绝不是越多越好，材料库存量应有一个合理的和必要的限度。

材料储备考虑的因素很多，包括周转需要(即正常储备)、风险需要、季节需要等因素，同时还要考虑资金的因素。目前有许多这方面的理论探讨和实际管理方法，如A、B、C分类管理法、定量定购法、材料储备定额测定法等。现以ABC分类法为例作一介绍。

ABC分类法是根据库存材料的占用资金大小和品种数量之间的关系，把材料分为A、B、C三类(表1-2)。找出重点管理材料的一种方法。

材料分类表 **表1-2**

材料分类	品种数占全部品种数(%)	资金额占资金总额(%)
A类	5～10	70～75
B类	20～25	20～25
C类	60～70	5～10
合计	100	100

A类材料占用资金比重大，是重点管理的材料，要按品种计算经济库存量和安全库存量，并对库存量随时进行严格盘点，以便采取相应措施。对B类材料，可按大类控制其库存；对C类材料，可采用简化的方法管理，如定期检查库存，组织在一起订货运输等。

第四节 材料使用管理

建筑产品制造的过程，也是材料使用的过程；因而材料使用管理一般由项目经理部实现，成为施工项目管理的主要内容。

施工项目材料管理就是项目经理部为顺利完成工程施工，合理节约使用材料，努力降低材料成本所进行的材料计划、订货采购、运输、库存保管、供应加工、使用、回收等一系列工作的组织和管理，其重点在施工现场。

一、施工项目材料的计划和采购供应

必须重视施工项目材料计划的编制，因为施工项目材料计划不仅是项目材料管理工作的基础，也是企业材料管理工作的基础，只有做好施工项目的材料计划，企业的材料计划才能真正落实。

(1) 施工项目经理部应及时向企业材料管理机构提交各种材料计划，并签订相应的材料合同，实施材料计划管理。

(2) 经企业材料机构批准，由项目经理部负责采购的企业供应以外的材料、

特种材料和零星材料，由项目部按计划采购，并做好材料的申请、订货采购工作，使所需全部材料从品种、规格、数量、质量和供应时间上都能按计划得到落实、不留缺口。

（3）项目部应做好计划执行过程中的检查工作，发现问题，找出薄弱环节，及时采取措施，保证计划实现。

（4）加强日常的材料平衡工作。

二、材料进场验收

（1）根据现场平面布置图，认真做好材料的堆放和临时仓库的搭设，要求做到有利于材料的进出和存放，方便施工、避免和减少二次搬运。

（2）在材料进场时，根据进料计划、送料凭证、质量保证书或材质证明（包括厂名、品种、出厂日期、出厂编号、试验数据等）和产品合格证，进行数量验收和质量确认，做好验收记录，办理验收手续。

（3）材料的质量验收工作，要按质量验收规范和计量检测规定进行，严格执行验品种、验型号、验质量、验数量、验证件制度。

（4）要求复检的材料要有取样送检证明报告；新材料未经试验鉴定，不得用于工程中；现场配制的材料应经试配，使用前应签证和批准。

（5）材料的计量设备必须经具有资格的机构定期检验，确保计量所需的精确度，不合格的检验设备不允许使用。

（6）对不符合计划要求或质量不合格的材料，应更换、退货或降级使用，严禁使用不合格的材料。

三、材料储存保管

（1）材料需验收后入库，按型号、品种分区堆放，并编号、标识、建立台账。

（2）材料仓库或现场堆放的材料必须有必要的防火、防雨、防潮、防盗、防风、防变质、防损坏等措施。

（3）易燃易爆、有毒等危险品材料，应专门存放，派专人负责保管，并有严格的安全措施。

（4）有保质期材料应做好标识，定期检查，防止过期。

（5）现场材料要按平面布置图定位放置，有保管措施，符合堆放保管制度。

（6）对材料要做到日清、月结、定期盘点、账物相符。

四、材料领发

（1）严格限额领发料制度，坚持节约预扣，余货退库。收发料具要及时入账上卡，手续齐全。

（2）施工设施用料，以设施用料计划进行总控制，实行限额发料。

（3）超限额用料时，需事先办理手续，填限额领料单，证明超耗原因，经批准后，方可领发材料。

（4）建立领发料台账，记录领发状况和节超状况。

五、材料使用监督

（1）组织原材料集中加工，扩大成品供应。要求根据现场条件，将混凝土、钢筋、木材、石灰、玻璃、油漆、砂、石等的具体使用情况不同程度地集中加工处理。

（2）坚持按分部工程或按层数分阶段进行材料使用分析和核算。以便及时发现问题，防止材料超用。

（3）现场材料管理责任者应对现场材料使用进行分工监督、检查，检查内容有：

1）是否认真执行领发料手续，记录好材料使用台账。

2）是否按施工场地平面图堆料，按要求的防护措施保护材料。

3）是否按规定进行用料交接和工序交接。

4）是否严格执行材料配合比，合理用料。

5）是否做到工完场清，要求“谁做谁清，随做随清，操作环境清，工完场地清”。

（4）每次检查都要做到情况有记录，原因有分析，明确责任，及时处理。

六、材料回收

（1）回收和利用废旧材料，要求实行交旧（废）领新、包装回收、修旧利废。

（2）施工班组必须回收余料，及时办理退料手续，在领料单中登记扣除。

（3）余料要造表上报，按供应部门的安排办理调拨和退料。

（4）设施用料、包装物及容器等，在使用周期结束后组织回收。

（5）建立回收台账，节约或超领要有记录，处理好经济关系。

七、周转材料现场管理

（1）按工程量、施工方案编报需用计划。

（2）各种周转材料应按规格分别整齐码放，垛间留有通道。

（3）露天堆放的周转材料应有规定限制高度，并有防水等防护措施。

（4）零配件要装入容器保管，按合同发放，按退库验收标准回收，做好记录。

（5）建立保管使用维修制度。

（6）周转材料需报废时，应按规定进行报废处理。

八、材料核算

（1）应以材料施工定额为基础，向基层施工队、班组发放材料，进行材料核算。

（2）要经常考核和分析材料消耗定额的执行情况，着重于定额与实际用料的差异，非工艺损耗的构成等，及时反映定额达到的水平和节约用料的先进经验，不断提高定额管理水平。

（3）应根据实际执行情况积累并提供修订和补充材料定额的数据。

第二章　建筑材料的基本性质

第一节　建筑材料的分类

建筑材料涉及范围非常广泛，但在概念上并未明确界定，所有用于建筑物施工的原材料、半成品和各种构件、零部件（如卫生洁具、水嘴等）都可视为建筑材料。

建筑材料的品种繁多，从不同角度对其进行分类，有助于掌握不同材料的基本性质。

一、按使用历史分类

传统建筑材料：使用历史较长的建筑材料，如砖、瓦、砂、石及水泥、钢材、木材等。

新型建筑材料：针对传统建筑材料而言，使用历史较短，新开发的建筑材料。

然而，传统和新型的概念是相对的，随着时间的推移，原先被认为是新型的建筑材料，若干年后可能不被认为是新型的建筑材料了，而传统建筑材料随着新技术的发展，出现新的产品又成为新型建筑材料。

二、按主要用途分类

结构材料：主要指用于构成建筑结构部分的承重材料，如水泥、骨料、混凝土、混凝土外加剂、砂浆、墙体材料、钢材及公路工程中使用的沥青混凝土等，在建筑物中主要利用其力学性能。

功能材料：主要是在建筑物中发挥其力学性能以外特长的材料，如防水材料、建筑涂料、绝热材料、防火材料、建筑玻璃、管材等，它们赋予建筑物以必要的防水功能、装饰效果、保温隔热、防火、维护、采光、防腐及给水排水功能。正是凭借了这些材料的一项或多项功能，才使建筑物具有使用功能，产生了一定的装饰效果，也使人们生活在一个安全、耐久、舒适、美观的环境中的愿望得以实现。当然，有些功能材料除了其自身特有的功能外，也具有一定的力学性能，而且，人们也正在不断创造出更多更好的多功能材料和既具有结构性材料的强度、又具有其他功能特性的复合材料。

三、按成分分类

无机材料：大部分使用历史较长的建筑材料属于此类。无机材料又分为金属材料和非金属材料。金属材料如建筑钢材、有色金属（铜及铜合金、铝及铝合金等）及制品；非金属材料如水泥、骨料、混凝土、砂浆、砖和砌块等墙体材料、玻璃等。

高分子材料：建筑涂料(无机涂料除外)、建筑塑料、混凝土外加剂、泡沫聚苯乙烯和泡沫聚氨酯等绝热材料、薄层防火涂料等。

复合材料：常用不同性能和功能的材料进行复合制造成性能更理想的材料，可以都是无机材料复合而成，也可以由无机和有机材料复合而成。如钢筋混凝土是由钢筋和混凝土复合而成，由钢筋承担抗拉荷载，而混凝土承担抗压荷载，是极好的复合效果的例子。又如彩钢夹心板是由彩色钢板和聚苯乙烯或聚氨酯等泡沫塑料或岩棉等绝热材料复合而成。

这时还应提到人们常称及的化学建材的概念，其实这是一个没有明确定义的叫法。化学建材可指用一种或多种合成高分子材料作主要成分，添加各种辅助的改性组分后加工生成的用于各种工程的建筑材料。因此，化学建材属于有机高分子材料的范畴，但有时会以复合材料的面貌出现。化学建材是继钢材、木材、水泥之后发展最快的第四大类重要建筑材料，建筑涂料、新型防水材料、塑料管道、塑料门窗等是主要的化学建材产品。

第二节　建筑材料基本性质

一、建筑材料的物理性质

(一) 建筑材料与质量有关的性质

1. 密度

密度是指建筑材料在绝对密实状态下单位体积的质量，常用单位为“kg/m^3”或“g/cm^3”。

2. 表观密度

表观密度是指建筑材料在近似绝对体积(包括固体物质部分的体积和内部封闭孔隙的体积)的单位质量，常用单位为“kg/m^3”。

3. 堆积密度

堆积密度是指粉状或颗粒状材料在自然堆积状态下单位体积的质量，常用单位为“kg/m^3”。

4. 密实度

密实度是指建筑材料体积内固体物质所充实的程度。

5. 孔隙率

孔隙率是指建筑材料内部孔隙体积占材料总体积的百分率。

6. 空隙率

空隙率是指散粒材料在堆积状态下，颗粒间空隙的体积占堆积体积的表百分率。

7. 填充率

填充率是指散粒材料在某容器堆积体积中，被颗粒填充的程度。

(二) 建筑材料与水有关的性质

1. 亲水性与憎水性

亲水性是指建筑材料在空气中与水接触能被水润湿的性质。

憎水性是指建筑材料在空气中与水接触能不被水润湿的性质。

2. 吸水性

建筑材料在浸水状态下吸入水分的能力为吸水性。吸水性的大小用吸水率表示。吸水率分为质量吸水率和体积吸水率。

质量吸水率：$$W_{质}=\frac{m_{饱}-m_{干}}{m_{干}}\times100\%$$

体积吸水率：$$W_{体}=\frac{V_{水}}{V_0}\times100\%=\frac{m_{饱}-m_{干}}{V_0}\times\frac{1}{\rho_{H_2O}}\times100\%$$

式中　$W_{质}$——建筑材料的质量吸水率；

$m_{饱}$——建筑材料在吸水饱和状态下的质量；

$m_{干}$——建筑材料在干燥状态下的质量。

3. 吸湿性

建筑材料在潮湿的空气中吸收空气中水分的性质，称为吸湿性。吸湿性的人小用含水率表示。

$$W_{含}=\frac{m_{含}-m_{干}}{m_{干}}\times100\%$$

式中　$W_{含}$——建筑材料的质量吸水率；

$m_{含}$——建筑材料在吸水饱和状态下的质量；

$m_{干}$——建筑材料在干燥状态下的质量。

4. 抗渗性

抗渗性是指建筑材料在液体压力作用下抵抗渗透的能力，建筑材料抗渗性一般用抗渗等级 P_n 表示。抗渗性与建筑材料内部孔隙的数量、大小及特性(封闭孔、连通孔)有关，一般情况下，建筑材料内部孔隙越小，与外界相连的毛细管道就越少，则抗渗性越好。

5. 抗冻性

抗冻性是指建筑材料耐周期性冻融的性能，建筑材料的抗冻性试验是通过对建筑材料试件反复进行冻融后，观察有无剥落、裂纹等现象来判断其抗冻性能的。材料抗冻性一般用抗冻等级 F_n 表示。

（三）建筑材料与热有关的性质

1. 导热系数

当建筑材料层单位厚度内的温差为1K(等同于温差为1℃)时，在1h内通过 $1m^2$ 表面积的热量，称为建筑材料的“导热系数”，单位为“W/(m·K)”，建筑材料的导热系数越小，其保温隔热性能越好。

2. 耐燃性

耐燃性是指建筑材料耐高温燃烧的能力。根据不同的建筑材料，通常用氧指数、燃烧时间、不燃性、加热线收缩等表达。

二、建筑材料的力学性质

（一）建筑材料的强度

1. 强度是指建筑材料抵抗破坏的能力。其值为在一定的受力状态或工作条件下，材料所能承受的最大应力。

(1) 外力(荷载)情况：拉力、压力、剪力、弯曲。

(2) 计算

1) 对于抗拉、抗压、抗剪强度：$f=\dfrac{F}{A}$ MPa或N/mm²

抗拉强度用 f_t，抗压强度用 f_c，抗剪强度用 f_v。

2) 对于抗弯(折)强度

① 截面为矩形(构件)$b\times h$

② 中部作用一集中荷载

$$f_f=\frac{3Fl}{2bh^2} \quad \text{MPa或N/mm}^2$$

2. 抗冲击

抗冲击是指某一材料受另一规定重量物体的较高速度同其接触后所能承受的能力，冲击能量用“焦耳”表示。1J=1N·m。

3. 挠度

材料或构件在荷载或其他外界条件影响下，其材料的纤维长度与位置的变化，沿轴线长度方向的变形称为轴向变形，偏离轴线的变形称为挠度。

(二) 材料的变形

1. 弹性变形

材料受外力作用而发生变形，外力去掉后能完全恢复到原来的形状尺寸并没有裂纹，这种变形称为弹性变形，材料能保持弹性变形的最大应力称为弹性极限。

2. 塑性变形

材料受到外力作用而发生变形，外力去掉后仍保持变形后的形状和尺寸并没有裂纹的变形称为塑性变形。

3. 弹性模量

弹性模量是指材料弹性极限应力与应变的比值。它反映材料的刚度，是度量材料在弹性范围内受力时变形大小的因素之一。

三、材料的化学性质及耐久性

材料的化学性质及物理化学性能会直接影响其自身及建筑物的使用性能及寿命。

(一) 酸碱度(pH值)

建筑材料由各种化学成分组成，而绝大部分建筑材料是多孔材料，会吸附水分，许多胶凝材料还需要加水拌合才能固结硬化。因此，在实际使用时，与建筑材料固相部分共存的水溶液中就会存在一定的氢离子和氢氧根离子，通常用pH值表示氢离子的浓度，pH=7为中性，pH<7为酸性，pH>7为碱性，pH越小，酸性越强，越大则碱性越强。

水泥在用水拌合后发生水化反应，水化物中有大量氢氧化钙等，不仅未硬化的水泥浆中呈很强的碱性，而且硬化后的水泥石孔隙中仍有很浓的氢氧根离子，所以硬化的水泥石，以及由其构成的砂浆、混凝土仍保持了很强的碱性，往往pH

值可达12～13。随着时间的推移，空气中弱性的CO_2气体逐渐渗透，产生中和反应，水泥石逐渐碳化，其pH值慢慢下降，对钢筋混凝土中钢筋的保护作用逐步失去，就容易产生钢筋锈蚀，危及建筑物的安全。

新拌砂浆和混凝土的高碱度，对某些抗碱性能不佳的涂料是致命的，有时在新硬化的墙面上涂刷涂料后发生局部变色、泛碱、起皮等现象，原因就在于此。为此往往需采用抗碱性能较好的底涂作隔离，或待墙面稍稍“陈化”碱性有所下降再进行涂装施工。

（二）材料的性能变化及其耐久性

各种材料的性能均会随着时间发生变化。水泥砂浆、混凝土在硬化后的几个月内可能会进一步水化而使强度逐渐提高，某些人造石又可能因原先固化不足，在储存、使用过程中进一步固化而强度提高，但一般而言，材料在储存使用过程中往往会出现性能下降。

水泥及建筑石膏等胶凝材料在储存过程中会因受潮而结块，在使用时其硬化后的强度会下降，因此应注意保持仓库内的干燥，并按出厂日期先后使用。建筑涂料储存时间过长或温度过低，会因乳液自身凝聚成冻状而不能正常使用。

使用过程中材料性能逐渐退化的情况在不知不觉中发生，水泥砂浆、混凝土的逐步碳化造成强度降低和钢筋锈蚀、金属材料的疲劳现象、高分子材料老化等，都将导致材料的寿命终止。有的材料使用寿命长些，人们认为其耐久性好，有的材料使用寿命短些，人们认为其耐久性较差。

所有材料在储存和使用过程中的性能变化均伴随着一系列物理、化学反应过程，例如水化、交联固化、凝胶化、碳化、再结晶及电化学等过程，并往往与外界相互作用有关。尤其是使用中的这些材料，性能退化在刚开始时并无法察觉，如不防患于未然，其后果难以设想。

1. 材料的碳化

碳化是胶凝材料中的碱性成分(主要是CaO)与空气中二氧化碳(CO_2)发生反应，生成碳酸钙($CaCO_3$)的过程。

在水泥砂浆、混凝土以及粉煤灰硅酸盐砌块等制品中，均有大量氢氧化钙及水化硅酸钙等水化产物，它们形成了一个具有一定强度的固体构架，空气中二氧化碳渗入浆体后首先与氢氧化钙反应生成中性的碳酸钙，从而使浆体的碱度降低，碳酸钙则以不同的结晶形态沉积出来。因其孔隙液中钙离子浓度下降，其他水化产物会分解出氢氧化钙，进一步的碳化反应持续进行，直至水化硅酸钙等水化产物全部分解，所有钙都结合成碳酸钙。因碳化后由碳酸钙构成的固体构架强度远不如原先生成的固体构架，在材料的孔隙结构上也往往使外界水汽、离子等更容易浸入，因此在强度降低的同时还伴随着抗渗性能劣化等一系列不利于耐久性的变化。

2. 材料的抗渗性

材料的抗渗性是指材料抵抗气体、液体在一定压力作用下渗透的性能。

由于抗渗性与材料内部的孔隙多少、孔隙大小、孔径大小、孔隙特征等有密切关系。因此，越密实的材料，其孔隙率越少、孔径越小，其抗渗性越好。

3. 材料的抗冻性

材料的抗冻性是指材料抵抗反复冻融的能力。

在建筑工程中所使用的材料在多数是多孔材料，其孔隙中往往存在水化后剩余水，或从空气中吸取水分、从外界渗入水分，当环境温度低于冰点时，这些水会结冰使其体积膨胀，大约膨胀9%，从而在孔隙中产生膨胀应力，造成对孔壁的破坏。这种破坏往往由材料表面开始剥落开始，尤其是反复冻融，其破坏更甚。

4. 抗硫酸盐腐蚀性

某些地下水中含硫酸盐成分较多，混凝土受硫酸盐侵蚀而发生膨胀破坏。它与水泥石中的$Ca(OH)_2$起置换作用，生成硫酸钙，当其含量多时，直接在水泥石中结晶，体积膨胀，致使水泥石破坏，更为严重的是硫酸钙与水泥石中的水化铝酸钙作用生成水化硫铝酸钙，体积增大1.5倍以上，对已硬化的水泥石有极大的破坏作用。

5. 高分子材料的耐老化性能(即耐候性)

高分子材料的耐老化性是指其抵御外界光照、风雨、寒暑等气候条件长期作用的能力，这是一个非常复杂的过程。

高分子材料在储存或使用过程中，会受内外因素的综合作用，性能逐渐变差，直至最终完全丧失使用价值的现象。高分子材料相对于无机材料而言，这种变化尤为突出，人们称为“老化”。建筑涂料因老化而褪色、粉化，建筑塑料、橡胶制品因老化而变硬、变脆，乃至开裂粉化，或发黏变软而无法使用，胶粘剂则完全丧失粘结力等。

为了减缓这种老化的发生，人们在高分子材料的抗老化剂及加工工艺等一系列问题上不懈努力，以改善其抗老化性能。

第三节　建筑材料的环保性能

随着人们对生活质量的要求越来越高，已不再满足于建筑物的挡风避雨功能，而希望建筑物向人们提供更多的舒适、方便。因此，无论办公场所或是居室，各种民用建筑的室内装饰装修日益讲究，给人们创造舒适温度的空调普遍使用，使空气的自然流通日趋恶化，随之而来的则是因许多建筑材料的有害物质或直接、或通过污染室内空气，对人体健康构成严重威胁，引起了广泛的注意。原建设部在20世纪末开始着手民用建筑工程室内环境污染控制标准制定工作，并于2001年11月发布了《民用建筑工程室内环境污染控制规范》(GB 50325—2001)，随后10个建筑材料及装饰装修材料的有害物质限量的强制性标准也于2001年12月发布。

然而，为了控制好竣工后室内环境污染，必须实施全过程、全方位的控制，各个部门层层把好关，尤其是如何抓好作为污染源的建筑材料的质量才是关键，只有材料具有良好的环保性能，最后的成品——工程室内环境才有可能达到相应的要求。

一、建筑材料的放射性

建筑材料的放射性主要是来自其中的天然放射性核素，主要以铀(U)、镭(Ra)、钍(Th)、钾(K)为代表，这些天然放射性核素在发生衰变时会放出α、β和γ等射线，对人体造成严重影响。^{226}Ra、^{232}Th 衰变后成为氡(^{222}Rn、^{220}Rn)，氡是气体。氡气及其子体又极易随空气中尘埃等悬浮物进入人体，对人体内造成健康伤害。而材料衰变过程中所释放的γ射线等则主要以外部辐射方式对人体造成伤害。故相应标准《建筑材料放射性核素限量》(GB 6566—2001) 中对建筑材料的放射性强度分别以内照指数和外照指数来衡量，无论哪一种指数超标均认为该材料的放射性核素含量超标，会对人体造成放射性伤害(如破坏细胞结构、影响造血系统、破坏免疫功能及其致癌)。

(一) 放射性常识

1. 放射性衰变的模式和 3 种射线

放射性衰变的模式有：

(1) α衰变：放射出α射线。

(2) β衰变：最常见的是放射出β射线。

(3) γ衰变：放射出γ射线。

(4) 自发裂变和其他一些罕见的衰变模式。

α射线的穿透能力较低，即便在空气中，它们的射程也只有几厘米。一般情况下，α射线会被衣物和人体的皮肤阻挡，不会进入人体。因此α射线外照射对人体的损害是可以不考虑的。

β射线的穿透能力较α射线要强，在空气中能走几百厘米，可以穿透几毫米的铝片。

γ射线的穿透能力比β射线强得多，对人体会造成极大的危害。如^{54}Mn 的γ射线能量为 0.8348MeV，经过 7.5cm 厚的铅，γ射线强度还可以剩 0.1%。

2. 放射性衰变的指数规律和半衰变期

对于任何一个放射性核素，它发生衰变的准确时刻是不确定的。但是足够多的放射性核素组成的结合，作为一个整体，它的衰变规律是确定的。

设 $t=0$ 时刻，存在放射性原子核数目为 N_0，经过 t 时间后，剩下的放射性原子数目 N 为：

$$N=N_0 e^{-\lambda t}$$

式中 N——放射性原子数目；

N_0——t_0 时刻放射性原子数目；

t——衰变时间；

λ——衰变常数，代表一个原子核在单位时间内发生衰变的几率。

这就是放射性衰变服从的指数规律。

放射性核素衰变掉其原有数目的一半所需的时间称为半衰期，用 T 表示。

即当 $t-T$ 时，$N=N_0/2$，于是从上式可得：

$$T=\text{in}2/\lambda$$

式中 T——放射性核素半衰期；

λ——衰变常数。

例如：^{60}Co的半衰期为5.27年，就是说经过5.27年，^{60}Co原子核减少一半，再经过5.27年并未全部衰变完，而是再减少一半，即剩下原来的1/4。

λ(或T)是放射性核素的特征量，每一个放射核素都有它特有的λ，没有两个核素的λ是一样的。

衰变常数几乎与外界没有任何关系。

^{238}U的半衰期为4.468×10^9年，换句话说，地球诞生到现在^{238}U只衰变了一半；

^{226}Ra的半衰期为1.6×10^3年，但^{226}Ra是^{238}U的子体，只要有^{238}U存在，就会不断产生；

^{232}Th的半衰期更长，为1.41×10^{10}年；

^{40}K的半衰期为1.3×10^9年。

3. 放射性的强度

放射性强度被定义为放射性物质在单位时间内发生衰变的原子核素，又称为活度，用A表示。

放射强度的单位是贝克勒(Bq)，1贝克勒＝1次核衰变/秒。放射性强度的另一个单位是居里(Ci)，1居里＝3.7×10^{10}贝克勒。

放射性比活度是指：物质中的某种核素放射性活度除以该物质的重量而得的商，用C表示。

$$C=A/m$$

式中 A——放射性核素的活度(Bq)；

m——物质的重量(kg)。

(二) 建筑材料放射性核素限量

在日常生活中人体会受到微量的放射性核素的照射，对人体健康没有影响。但达到一定的剂量时，就会伤害人体。射线粒子会杀死或杀伤细胞，受伤的细胞有可能发生变异，造成癌变，失去正常功能，使人致病。

我国自1986年以后，对建筑材料、建材用工业废渣、天然石材产品等制定了测量、分类控制等标准，目前标准为《建筑材料放射性核素限量》(GB 6566—2001)。

1. 建筑物及建筑材料的分类

(1) 建筑物分为民用建筑和工业建筑

民用建筑是供人们居住、工作、学习、娱乐及购物的建筑物。民用建筑又分为二类：

Ⅰ类民用建筑：如住宅、老年公寓、托儿所、医院、学校等。

Ⅱ类民用建筑：如商店、体育馆、书店、宾馆、办公楼、图书馆、文化娱乐场所、展览馆、公共交通候车室等。

工业建筑是提供人类进行生产活动的建筑物。

(2) 建筑材料分为主体材料和装饰装修材料

建筑主体材料是用于建造建筑物主体工程所用的材料。包括水泥及水泥制品、砖瓦、混凝土及预制构件、砌块、墙体保温材料、工业废渣、掺工业废料的建筑材料及各种新型墙体材料等。

装饰装修材料是用于建筑物内、外饰面用的建筑材料。包括天然石材、建筑陶瓷、石膏制品、吊顶材料、粉刷材料及其他新型饰面材料等。

2. 内照指数、外照指数

放射线从外部照射人体的现象称为外照射，放射性物质进入人体并从人体内部照射人体的现象称为内照射。

根据各放射性核素在自然界的含量、发射的射线类型及射线粒子的能量，真正需要引起人们警惕的放射性物质是铀、镭、钍、氡、钾5种。其中氡是气体，主要带来的是内照射。镭(^{226}Ra)比较复杂，除了构成外照射外，其衰变产物为氡(^{222}Rn)，直接和空气中氡的含量有关。铀的放射线能量较小，危害较小。其他核素主要引起外照射。根据各放射性核素的危害程度，人们采用内照指数和外照指数来控制物质中放射性物质的含量。

内照指数(I_{Ra})：是指建筑材料中天然放射性核素镭-226的放射性比活度，除以标准规定的限量200而得的商。即：$I_{Ra}=C_{Ra}/200$。

外照指数(I_{γ})：是指建筑材料中天然放射性核素镭-226、钍-232和钾-40的放射性比活度，分别除以其各自单独存在时标准规定限量(370、260、4200)所得商之和。即：$I_{\gamma}=C_{Ra}/370+C_{Th}/260+C_{K}/4200$。

3. 建筑材料放射性核素限量

《建筑材料放射性核素限量》(GB 6566—2001)规定的放射性核素限量见表2-1。

建筑材料放射性核素限量值　　表2-1

建筑材料类别		限量要求		使用范围
		内照指数	外照指数	
建筑主体材料	—	≤1.0	≤1.0	使用范围不受限制
	空心率>25%	≤1.0	≤1.3	使用范围不受限制
装修材料	A类	≤1.0	≤1.3	使用范围不受限制
	B类	≤1.3	≤1.9	Ⅱ类民用建筑物内饰面及其他一切建筑物的内、外饰面
	C类	—	≤2.8	建筑物的外饰面及室外的其他用途

注：外照指数不小于2.8的花岗石只能用于碑石、海(河)堤、桥墩等人们很少涉及的地方。

对无机非金属的结构材料(如水泥、混凝土、砖、砌块、瓦等)、天然石材(尤其是花岗石、大理石)、建筑陶瓷、石膏板等，其放射性是否超标应予以足够重视，因为这些材料都是用天然岩矿或土壤烧制而成，岩石、土壤中的天然放射性核素有可能因此而进一步富集，尤其是采用了工业废料的材料(如粉煤灰、煤渣、磷石膏等)，其富集程度可能更高，千万不可掉以轻心。大量使用放射性超标的材料，其后果十分严重，往往难以采取简单的补救措施，尤其是涉及结构问题时更为棘手。

二、装饰装修材料中游离甲醛(HCHO)的危害

甲醛是无色、具有强烈气味的刺激性气体。气体相对密度1.06，略重于空

气。易溶于水，其35%～40%的水溶液通称福尔马林。甲醛(HCHO)是一种挥发性有机物，污染源很多，污染浓度也很高，是室内主要污染物。

自然界中甲醛是甲烷循环的一个中间产物。室内空气中的甲醛主要有两个来源，一是来自室外的工业废气、汽车尾气、光化学烟雾；二是来自建筑材料、装饰装修材料以及生活用品等化工产品。甲醛由于反应性能活泼，且价格低廉，故广泛用于化学工业生产，已有百年历史，甲醛在化学工业上的用途主要是作为生产树脂的重要原料，例如脲醛树脂、三聚氰氨甲醛树脂、酚醛树脂等，这些树脂主要用做胶粘剂的基料。所以，凡是大量使用胶粘剂的材料(如各种人造板)，都可能会有甲醛释放。树脂释放甲醛的原因主要有三种：一是树脂合成时，残留未反应游离甲醛；二是树脂合成时，已参与反应生成不稳定基因的甲醛，在一定条件下会释放出来；三是树脂合成时，吸附在胶体粒子周围已质子化的甲醛在电解质作用下也会释放出来。此外，化纤地毯、油漆涂料等也含有一定数量的甲醛。

甲醛是一种有毒物质，其毒作用一般有刺激、过敏和致癌作用，通常人的甲醛嗅觉阀值为0.06mg/m^3，刺激作用主要对鼻和上呼吸道产生刺激症状，引发哮喘、呼吸道或支气管炎。另外，甲醛对眼睛也有强烈刺激作用，引起水肿、眼刺痛、眼红、眼痒、流泪。皮肤直接接触甲醛，可引起皮炎、色斑、坏死。而经常吸入甲醛，能引起慢性中毒，出现黏膜出血、皮肤刺激症、过敏性皮炎、指甲角化和脆弱，全身症状有头痛、乏力、胃纳差、心悸、失眠以及植物神经紊乱等。另外，通过动物实验表明，甲醛对鼠鼻腔有致癌性。

近年来，还有许多报道表明：甲醛会对人体内免疫水平产生影响，且能引起哺乳动物细胞株的基因突变、DNA单链断裂、DNA链内交联和DNA与蛋白质交联，抑制DNA损伤的修复，影响DNA合成转录，还能损伤染色体。

因此，工程中应选用质量好的人造板与建筑涂料、建筑胶粘剂等类产品。尤其是装饰装修工程中使用较多人造板或饰面人造板(500m^2)时，必须检测其甲醛释放量，以确保工程的空气污染能得以控制。

三、装饰装修材料中苯及甲苯、二甲苯的危害

苯是一种无色、具有特殊芳香气味的油状液体，微溶于水，能与醇、醚、丙酮和二硫化碳等互溶。甲苯和二甲苯都属于苯的同系物，都是煤焦油分馏或石油的裂解产物。以前使用涂料、胶粘剂和防水材料产品，主要采用苯作为溶剂或稀释剂。而《涂装作业安全规程劳动安全和劳动卫生管理》中规定："禁止使用含苯(包括工业苯、石油苯、重质苯，不包括甲苯和二甲苯)的涂料、稀释剂和溶剂。"所以目前多用毒性相对较低的甲苯和二甲苯，但由于甲苯挥发速度较快，而二甲苯溶解力强，挥发速度适中，所以二甲苯是短油醇酸树脂、乙烯树脂、氯化橡胶和聚氨酯树脂的主要溶剂，也是目前涂料工业和胶粘剂应用最广，使用量最大的一种溶剂。

苯属中等毒类，其嗅觉阀值为4.8～15.0mg/m^3。苯于1993年被世界卫生组织(WHO)确定为致癌物。苯对人体健康影响主要表现在血液毒性、遗传毒性和致癌性三个方面。高浓度苯长期吸入，会引起头晕、头痛、恶心。长期吸入低浓度苯，能导致血液和造血机能改变及对神经系统的影响，严重的将表现为全血细

胞氧减少症、再生障碍性贫血症、骨髓发育异常综合症和血球减少。此外，苯对皮肤、眼睛和上呼吸道系统有刺激作用，导致喉头水肿、支气管炎以及血小板下降。经常接触苯，皮肤可因脱脂变干燥，严重的出现过敏性湿疹。

甲苯和二甲苯因其挥发性主要分布在空气中，对眼、鼻、喉等黏膜组织和皮肤等有强烈刺激和损伤，可引起呼吸系统病症。长期接触，二甲苯可危害人体中枢神经系统中的感觉运动和信息加工过程，对神经系统产生影响，具有兴奋和麻醉作用，导致烦躁、健忘、注意力分散、反应迟钝、身体协调性下降以及头晕、恶心、呼吸困难和四肢麻木等症状，严重的导致黏膜出血、抽搐和昏迷。女性对苯及其同系物更为敏感，甲苯和二甲苯对生殖功能也有一定影响。孕期接触苯系物混合物时，妊娠高血压综合症、呕吐及贫血等并发症的发病率明显增高，专家发现接触甲苯的实验室人员自然流产率明显增高。苯还可导致胎儿畸形、神经系统组织障碍以及生长发育迟缓等多种先天性缺陷。

四、装饰装修材料中可挥发性有机物总量(TVOC)的控制

装饰装修材料大部分是化学合成材料制成，且成分十分复杂。如为了改进涂料、塑料、胶粘剂产品的性能，往往除基料外还要加入各种如溶剂、稀释剂、增塑剂、催干剂、抗氧化剂等，这些化学成分也会挥发，因此进入空气中的有机化合物种类繁多，有资料报道室内空气中的有机化合物可多达数百种，而这些有机物均会对人体健康不利，为此人们对在规定试验条件下测得的材料中或空气中的挥发性有机化合物的总量(TVOC)作出了限量规定，以控制它们对空气的污染，保障施工人员或在其中生活、工作的人员的健康。常用的涂料、胶粘剂、处理剂等，无论是水性的还是溶剂型，其挥发性有机化合物的总量(TVOC)都作出了限量规定。

挥发性有机化合物的总量(TVOC)包括碳氢化合物、有机卤化物、有机硫化物等，在阳光作用下与空气中氮氢化合物、硫化物发生光化学反应，生成毒性更大的二次污染物，形成光化学烟雾。

挥发性有机化合物(TVOC)是室内最大的污染物，是极其复杂的，而且新的种类不断被合成出来。由于它们单独存在时的浓度低，但是种类特别多，所以一般不单独表示，仅以 TVOC 表示其总量。

挥发性有机化合物的总量(TVOC)定义有以下几种：①指任何参加气相光化学反应的有机化合物；②指在一般压力条件下，沸点不高于 250℃的任何有机化合物；③指世界卫生组织(WHO)对总挥发性有机物(TVOC)的定义：熔点低于室温、沸点范围在 50～260℃之间的挥发性有机物的总称。这些定义有共同之处，对于涂料、胶粘剂，挥发性有机物是在一般压力条件下，沸点低于 250℃且参加气相化学反应的有机化合物；对于室内空气，总挥发性有机物(TVOC)指在一般压力条件下，沸点低于 250℃的任何有机化合物。

据统计，全世界每年排放在大气中的溶剂约 1000 万 t，其中涂料和胶粘剂释放的挥发性有机物是重要来源。

虽然大多数挥发性有机物都是以较低的浓度存在，但若十种挥发出有毒性的有机物共同存在于室内时，其联合作用对人体健康的影响是非常大的。

挥发性有机物对人体健康的影响主要有三种类型：一是气味和感观效应。包括器官刺激、感觉干燥等；二是黏膜刺激和其他系统毒性导致的病态。轻微的如刺激眼黏膜、鼻黏膜、呼吸道和皮肤等。严重的容易通过血液，形成对大脑的障碍，导致中枢神经系统受到抑制，引起机体免疫水平失调，使人产生头晕、头痛、乏力、嗜睡、胸闷等感觉，还影响消化系统，出现食欲不振、恶心等，严重时甚至损伤肝脏和造血系统，出现变态反应等；三是基因毒素和致癌。从室内空气中鉴定出的500多种有机物中，有20多种挥发性有机物都被证明是致癌物或致突变物。

其实，涂料、塑料、胶粘剂等产品都含有挥发性有机化合物，因此，即使在使用符合环保性能要求的产品时也应督促做好空气流通等安全措施，避免不应发生的中毒事件。

五、其他污染物的来源和危害

（一）重金属的来源和危害

重金属主要来源于各种材料生产时加入的各种辅助剂（如催干剂、防污剂、消光剂等）以及颜料和各种填料中所含的杂质。室内环境中重金属污染主要来自溶剂型木器涂料、内墙涂料、木家具、壁纸、聚氯乙烯卷材地板等装饰装修材料。涂料中的重金属主要来自着色颜料，如红丹、铅铬黄、铅白等，木家具、木器涂料中有毒重金属对人体的影响主要是通过木器在使用过程中干漆膜与人体长期接触，如误入口中，其可溶物将对人体造成危害。聚氯乙烯卷材地板中若含有铅、镉尘，通过接触误入口中而摄入人体内，则将造成危害。

铅、镉、铬、汞等重金属元素的可溶物进入人的肌体后，会逐渐在体内蓄积，转化成毒性更强的金属有机化合物，对人体健康产生严重影响。过量的铅能损害神经、造血功能和生殖系统，引起抽搐、头痛、脑麻痹、失明、智力迟钝；铅还可以引起免疫功能的变化，包括增加对细菌的易感性，抑制抗体产生，以及对巨噬细胞的毒性而影响免疫。铅对儿童的毒害更大，因为儿童对铅有特殊的易感性，铅中毒可严重影响儿童生长发育和智力发展，因此铅污染的控制已成为世界性关注热点。长期吸入镉尘可损害肾、肺功能。长期接触铬化合物可引起接触性皮肤炎或湿疹。慢性汞中毒主要影响中枢神经系统等。

（二）甲苯二异氰酸酯（TDI）的来源和危害

甲苯二异氰酸酯（TDI）是一种无色液体，是溶剂性涂料中较易存在的一种有毒物质。聚氨酯树脂是多异氰酸酯和两个以上活性氢原子反应生成的聚合物。由于聚氨酯树脂反应条件以及其他因素的限制，在以聚氨酯树脂为基料生产的涂料和胶粘剂中，会存在一定量的游离的甲苯二异氰酸酯（TDI）化合物。

这些二异氰酸酯单体都是毒性很大的物质，对呼吸道有明显刺激，可引起头痛、气短、支气管炎及过敏性哮喘呼吸道疾病，刺激阙浓度 0.5ppm。对人的眼睛也有明显刺激，引起眼角发干、疼痛、严重时引起视力下降。与皮肤接触后，会引起过敏性皮炎，严重时引起皮肤干裂、溃烂。

（三）氨的来源和危害

氨是无色气体，易溶于水、乙醇和乙醚。常温下1体积水可溶解700体积的氨，溶于水后的氨形成氢氧化氨，俗称氨水。建筑中的氨，主要来自建筑施工中使用的混凝土外加剂。混凝土外加剂的使用有利于提高混凝土的强度和施工速度，冬季在混凝土中加入会释放氨气的膨胀剂和防冻剂，或为了提高混凝土的凝结速度，加入会释放氨的高碱膨胀剂和早强剂，将留下氨污染隐患。室内家具涂饰时所用的添加剂和增白剂大部分都用氨水，是造成氨污染的来源之一。

氨气可通过皮肤和呼吸道引起中毒，嗅觉阈值为 0.1～1.0mg/m^3。因极易溶于水，对眼、喉、上呼吸道作用快，刺激性极强，轻者引起喉炎、声音嘶哑，重者可发生喉头水肿、喉痉挛而引起窒息，出现呼吸道困难、肺水肿、昏迷和休克。但是氨污染释放期比较短，不会在空气中长期大量积存，对人体的危害相应小些，但也应该引起注意。

装饰装修材料中含有多种对人体健康有极大危害的污染物。针对备受社会各界关注的室内装修污染问题，国家质检总局和国家标准化管理委员会已发布了室内装饰装修材料有害物质限量 10 项国家强制性标准（GB 18580—2001～GB 18588—2001 和 GB 6566—2001），并自 2002 年 1 月 1 日起实施，生产企业生产的产品必须严格执行该 10 项国家标准。具体而言，这 10 项强制性标准要求包括人造板及其制品、溶剂型木器涂料、水性内墙涂料、胶粘剂、木家具、壁纸、聚氯乙烯卷材地板、地毯及地毯用胶粘剂、混凝土外加剂、建筑材料等在内的装饰装修材料，其所含有害物质限量必须在国家规定的标准之内，否则不允许在市场上销售。

第三章 建筑主体材料

第一节 胶 凝 材 料

建筑中能将散粒状材料（如砂、石等）或块状材料（如砖、石块、混凝土砌块等）粘结成为整体的材料，称为胶凝材料。

胶凝材料按其化学成分可分为无机胶凝材料和有机胶凝材料两大类，无机胶凝材料按其硬化条件的不同，可分为气硬性胶凝材料和水硬性胶凝材料，主要有石灰、石膏、水泥等，这类胶凝材料在建筑工程中的应用最广泛；有机胶凝材料有沥青、树脂等。

气硬性胶凝材料是指只能在空气中凝结硬化的胶凝材料，如石灰、石膏、水玻璃和菱苦土等。水硬性胶凝材料是指不仅能在空气中凝结硬化，而且能更好地在水中硬化，保持和发展其强度的胶凝材料，如各种水泥。因此，气硬性胶凝材料只适用于干燥环境中的工程部位；水硬性胶凝材料既适用于干燥环境，又适用于潮湿环境及水中的工程部位。

一、石灰

石灰是最早使用的矿物胶凝材料之一。石灰是不同化学成分和物理形态的生石灰、消石灰、水硬性石灰的统称。水硬性石灰是以泥质石灰石为原料，经高温煅烧后所得的产品，除含 CaO 外，还含有一定量的 MgO，硅酸二钙、铝酸一钙等而具有水硬性。建筑工程中的石灰通常指气硬性石灰。由于原材料资源丰富，生产工艺简单，成本低廉，石灰在建筑工程中的应用很广。

（一）生石灰的生产

生石灰是以碳酸钙为主要成分的石灰石、白垩等为原料，在低于烧结温度下煅烧所得的产物，其主要成分是氧化钙。煅烧反应如下：

$$CaCO_3 \xlongequal{\text{高温煅烧}} CaO + CO_2\uparrow$$

$$MgCO_3 \xlongequal{800\sim1000^\circ C} MgO + CO_2\uparrow$$

石灰生产中为了使 $CaCO_3$ 能充分分解生成 CaO，必须提高温度，但煅烧温度过高过低，或煅烧时间过长过短都会影响烧成生石灰的质量。由于煅烧的不均匀性，在所烧成的正火石灰中，或多或少的都存在少量的欠火石灰（煅烧温度过低或煅烧时间过短而生成）和过火石灰（煅烧温度过高或煅烧时间过长而生成）。欠火石灰中 CaO 的含量低，会降低石灰的质量等级和利用率；过火石灰结构密实，熟化极其缓慢，当这种未充分熟化的石灰抹灰后，会吸受空气中大量的水蒸汽，继续熟化，体积膨胀，致使墙面砂浆隆起、开裂，严重影响工程质量。

（二）生石灰的熟化

生石灰的熟化（又称消化或消解）是指生石灰与水发生化学反应生成熟石灰的过程。其反应式如下：

$$CaO + H_2O = Ca(OH)_2 + 64.9kJ$$
$$MgO + H_2O = Mg(OH)_2$$

生石灰遇水反应剧烈，同时放出大量的热。生石灰的熟化反应为放热反应，在最初 1h 所放出的热量几乎是硅酸盐水泥 1 天放出热量的 9 倍。

生石灰熟化后体积膨胀 1～2.5 倍。块状生石灰熟化后体积膨胀，产生的膨胀压力会致使石灰块自动分散成为粉末，应用此法可将块状生石灰加工成为消石灰粉。

熟化后的石灰在使用前必须进行“陈伏”。这是因为生石灰中存在着过火石灰。过火石灰结构密实，熟化极其缓慢，当这种未充分熟化的石灰抹灰后，会吸收空气中大量的水蒸汽，继续熟化，体积膨胀，致使墙面砂浆隆起、开裂，严重影响工程质量。为了消除过火石灰的危害，生石灰在使用前应提前化灰，使石灰浆在灰坑中储存两周以上，以使生石灰得到充分熟化，这一过程称为“陈伏”。陈伏期间，为了防止石灰碳化，应在其表面保留一定厚度的水层，用以隔绝空气。

（三）石灰的硬化

石灰的硬化速度很缓慢，且硬化体强度很低。石灰浆体在空气中逐渐硬化，主要是干燥结晶和碳化这两个过程同时进行来完成的。

1. 结晶作用：石灰浆体中的游离水分逐渐蒸发，$Ca(OH)_2$ 逐渐从饱和溶液中结晶析出，形成结晶结构网，从而获得一定的强度。

2. 碳化作用：$Ca(OH)_2$ 与空气中的 CO_2 和 H_2O 发生化学反应，生成碳酸钙，并释放出水分，使强度提高。其反应式如下：

$$Ca(OH)_2 + CO_2 + nH_2O = CaCO_3 + (n+1)H_2O$$

石灰的硬化主要依靠结晶作用，而结晶作用又主要依靠水分蒸发速度。由于自然界中水分的蒸发速度是有限的，因此石灰的硬化速度很缓慢。

（四）石灰的品种及技术性质

石灰的品种很多，通常有以下两种分类方法：

1. 按石灰中氧化镁的含量分类：

(1) 生石灰可分为钙质生石灰（MgO 含量不大于 5%）和镁质生石灰（MgO 含量大于 5%）。镁质生石灰的熟化速度较慢，但硬化后其强度较高。根据建材行业标准，建筑生石灰可划分为优等品、一等品和合格品共三个质量等级，见表 3-1。

建筑生石灰技术指标［《建筑生石灰》（JC/T 479—1992）］ **表 3-1**

项 目	钙质生石灰			镁质生石灰		
	优等品	一等品	合格品	优等品	一等品	合格品
CaO + MgO 含量不小于(%)	90	85	80	85	80	75
未消化残渣含量(5mm 圆孔筛筛余)不大于(%)	5	10	15	5	10	15

续表

项 目	钙质生石灰			镁质生石灰		
	优等品	一等品	合格品	优等品	一等品	合格品
CO_2 含量不大于(%)	5	7	9	6	8	10
产浆量不小于(L/kg)	2.8	2.3	2.0	2.8	2.3	2.0

(2) 熟石灰分为钙质消石灰粉(MgO 含量不大于 4%)、镁质消石灰粉(MgO 含量为 4%～24%)和白云石质消石灰粉(MgO 含量为 24%～30%)。其技术性质见表 3-2。

建筑消石灰粉的技术指标［《建筑消石灰粉》(JC/T 481—1992)］　表 3-2

项目		钙质消石灰粉			镁质消石灰粉			白云石质消石灰粉		
		优等品	一等品	合格品	优等品	一等品	合格品	优等品	一等品	合格品
CaO+MgO 含量不小于(%)		70	65	60	65	60	55	65	60	55
游离水(%)		0.4～2	0.4～2	0.4～2	0.4～2	0.4～2	0.4～2	0.4～2	0.4～2	0.4～2
体积安定性		合格	合格	—	合格	合格	—	合格	合格	—
细度	0.90mm 筛筛余不大于(%)	0	0	0.5	0	0	0.5	0	0	0.5
	0.125mm 筛筛余不大于(%)	3	10	15	3	10	15	3	10	15

2. 按石灰加工方法不同分类

(1) 块灰：直接高温煅烧所得的块状生石灰，其主要成分是 CaO。块灰是所有石灰品种中最传统的一个品种。

(2) 磨细生石灰粉：将块灰破碎、磨细并包装成袋的生石灰粉。它克服了一般生石灰熟化时间较长，且在使用前必须陈伏等缺点，在使用前不用提前熟化，直接加水即可使用，不须进行陈伏。使用磨细生石灰粉不仅能提高施工效率，节约场地，改善施工环境，加快硬化速度，而且还可以提高石灰的利用率；但其缺点是成本高，且不易储存。其技术指标见表 3-3 所示。

建筑生石灰粉技术指标［《建筑生石灰粉》(JC/T 480—1992)］　表 3-3

项 目		钙质生石灰粉			镁质生石灰粉		
		优等品	一等品	合格品	优等品	一等品	合格品
CaO+MgO 含量不小于(%)		85	80	75	80	75	70
CO_2 含量不大于(%)		7	9	11	8	9	12
细度	0.90mm 筛筛余不大于(%)	0.2	0.5	1.5	0.2	0.5	1.5
	0.125mm 筛筛余不大于(%)	7.0	12.0	18.0	7.0	12.0	18.0

(3) 消石灰粉：由生石灰加适量水充分消化所得的粉末，主要成分是 $Ca(OH)_2$，其技术指标见表 3-2 所示。

(4) 石灰膏：消石灰和一定量的水组成的具有一定稠度的膏状物，其主要成

分是 $Ca(OH)_2$ 和 H_2O。

(5) 石灰乳：生石灰加入大量水熟化而成的一种乳状液，主要成分是 $Ca(OH)_2$ 和 H_2O。

(五) 石灰的特性、应用及储存

1. 石灰的特性

(1) 凝结硬化缓慢，强度低。石灰浆在空气中的碳化过程很缓慢，且结晶速度主要依赖于浆体中水分蒸发的速度，因此，石灰的凝结硬化速度是很缓慢的。生石灰熟化时的理论需水量较小，为了使石灰浆具有良好的可塑性，实际熟化的水量是很大的，多余水分在硬化后蒸发，会留下大量孔隙，使硬化石灰的密实度较小，强度低。

(2) 可塑性好，保水性好。生石灰熟化为石灰浆时，能形成颗粒极细(粒径为0.001mm)呈胶体分散状态的氢氧化钙粒子，表面吸附一层厚厚的水膜，使颗粒间的摩擦力减小，因而具有良好的可塑性。

(3) 硬化后体积收缩较大。石灰浆中存在大量的游离水，硬化后大量水分蒸发，导致石灰内部毛细管失水收缩，引起显著的体积收缩变形。这种收缩变形使得硬化石灰体产生开裂，因此，石灰浆不宜单独使用，通常工程施工中要掺入一定量的集料(砂子)或纤维材料(麻刀、纸筋等)。

(4) 吸湿性强，耐水性差。生石灰具有很强的吸湿性，传统的干燥剂常采用这类材料。生石灰水化后的产物其主要成分是 $Ca(OH)_2$，能溶解在水中，若长期受潮或被水侵蚀，会使硬化的石灰溃散，因此它是一种气硬性胶凝材料，不宜用于潮湿的环境中，更不能用于水中。

2. 石灰的应用

石灰是建筑工程中面广量大的建筑材料之一，其常见的用途如下：

(1) 广泛用于建筑室内粉刷。石灰乳是一种廉价的涂料，且施工方便，颜色洁白，能为室内增白添亮，因此在建筑中应用十分广泛。

(2) 用于配制建筑砂浆。石灰和砂或麻刀、纸筋配制成石灰砂浆、麻刀灰、纸筋灰，主要用于内墙、顶棚的抹面砂浆。石灰与水泥和砂可配制成混合砂浆，主要用于墙体砌筑或抹面之用。

(3) 配制三合土和灰土。三合土是采用生石灰粉(或消石灰粉)、黏土和砂子按 1∶2∶3 的比例，再加水拌合，经夯实后而成。灰土是用生石灰粉和黏土按 1∶2～4 的比例加水拌合，经夯实后而成。经夯实后的三合土和灰土广泛应用于建筑物的基础、路面或地面垫层。三合土和灰土经强力夯打之后，其密实度大大提高，且黏土颗粒表面少量的活性 SiO_2 和 Al_2O_3 与石灰发生化学反应，生成水化硅酸钙和水化铝酸钙等不溶于水的水化产物，因而具有一定的抗压强度、耐水性和相当高的抗渗能力。

(4) 制作碳化石灰板。碳化石灰板是将磨细生石灰、纤维状填料(如玻璃纤维等)或轻质骨料(如矿渣等)经搅拌、成型，然后人工碳化而成的一种轻质板材。这种板材能锯、刨、钉，适宜作非承重内墙板、顶棚等。

(5) 生产硅酸盐制品。以石灰和硅质材料(如石英砂、粉煤灰等)为原料，加水拌合，经成型，蒸养或蒸压处理等工序而制成的建筑材料，统称为硅酸盐制品。如粉煤灰砖、灰砂砖、加气混凝土砌块等。

(6) 配制无熟料水泥。将具有一定活性的混合材料，按适当比例与石灰配合，经共同磨细，可得到水硬性的胶凝材料，即为无熟料水泥。

3. 石灰的储存

生石灰具有很强的吸湿性，在空气中放置太久，会吸收空气中的水分而消化成消石灰粉而失去胶凝能力。因此储存生石灰时，一定要注意防潮防水，而且存期不宜过长。另外，生石灰熟化时会释放大量的热，且体积膨胀，故在储存和运输生石灰时，还应注意将生石灰与易燃易爆物品分开保管，以免引起火灾和爆炸。

二、石膏

我国的石膏资源极其丰富，分布很广，自然界存在的石膏主要有天然二水石膏($CaSO_4 \cdot 2H_2O$，又称生石膏或软石膏)、天然无水石膏($CaSO_4$，又称硬石膏)和各种工业废石膏(化学石膏)。以这些石膏为原料可制成多种石膏胶凝材料，建筑中使用最多的石膏胶凝材料是建筑石膏，其次是高强石膏。建筑石膏及其制品具有许多优良性能，如轻质、耐火、隔声、绝热等，是一种比较理想的高效节能的材料。

(一) 石膏的生产

生产建筑石膏的原料主要是天然二水石膏，也可采用化学石膏。原料经过煅烧(在不同温度和压力条件下)、脱水，再经磨细而成。由于煅烧条件不同，烧成产品的结构、性质、用途各不相同。

β型的半水硫酸钙磨细制成的白色粉末即为建筑石膏(又称β型半水石膏)，其晶体细小，将它调制成一定稠度的浆体的需水量较大，因而其制品的孔隙率较大，强度较低。α型的半水硫酸钙磨细制成的白色粉末即为高强石膏(又称α型半水石膏)，其晶体粗大，比表面积较小，拌合时所需水量较小，因而其制品的孔隙率较小，密实度大，强度较高，在建筑中可用于抹灰、制作石膏制品，还可仿制大理石。Ⅰ、Ⅱ、Ⅲ型无水硫酸钙(又称无水石膏)，在建筑中应用较少。

(二) 建筑石膏的凝结硬化

建筑石膏与适量的水相混合，最初形成具有良好可塑性的浆体，但很快就失去可塑性而发展成为具有一定强度的固体，这个过程就称为石膏的凝结硬化。

首先是β型的半水石膏溶解于水中，很快形成饱和溶液，溶液中的β型半水石膏与水反应生成了二水石膏，由于二水石膏在水中的溶解度比β型半水石膏小得多，因此β型半水石膏的饱和溶液对于二水石膏就成为过饱和溶液，二水石膏逐渐地结晶析出，致使液相中原有的平衡浓度被破坏，β型半水石膏进一步溶解、水化，如此循环进行，直至完全变成二水石膏为止。随着水化反应不断进行，且水分不断蒸发，浆体失去可塑性，这一过程称为凝结。其后，晶体颗粒逐渐长大、连生、相互交错，使得强度不断增长，直到剩余水分完全蒸发，这一过程称为硬化。

(三) 建筑石膏的技术性质

建筑石膏为白色粉末状材料，其密度约为 $2.6 \sim 2.75 g/cm^3$，堆积密度约为

800～1100kg/m³。建筑石膏技术性质主要有：强度、细度、凝结时间。建筑石膏按其强度、细度的不同可划分为优等品、一等品和合格品三个质量等级。具体情况见表 3-4 所示。

建筑石膏等级标准［《建筑石膏》(GB/T 9776—2008)］ **表 3-4**

技术指标		优等品	一等品	合格品
强度	抗折强度(MPa)，≥	2.5	2.1	1.8
	抗压强度(MPa)，≥	4.9	3.9	2.9
细度	0.2mm 方孔筛筛余(%)，≤	5.0	10.0	15.0
凝结时间	初凝时间(min)，≥	6		
	终凝时间(min)，≤	30		

建筑石膏是在高温条件下煅烧而成的一种白色粉末状材料，本身易吸湿受潮，而且其凝结硬化速度很快，因此在储存和运输过程中，一定要注意防潮防水。同时，石膏若长期存放，强度也会降低，一般储存三个月后强度会下降 30%左右，因此建筑石膏储存时间不宜过长，一般不超过三个月。若超过三个月，应重新检验并确定其质量等级。

（四）建筑石膏及其制品的特性

1. 凝结硬化很快，强度较低。由于凝结快，在实际工程中使用时往往需要掺入适量的缓凝剂，如动物胶、亚硫酸盐酒精溶液、硼砂等。建筑石膏的强度较低，其抗压强度仅为 3.0～5.0MPa，只能满足作为隔墙和饰面的要求。

2. 硬化时体积略微膨胀。建筑石膏在凝结硬化时具有微膨胀性，其体积一般膨胀 0.05%～0.15%。这种特性可使硬化成型的石膏制品表面光滑饱满，干燥时不开裂，且能使制品造型棱角清晰，尺寸准确，有利于制造复杂花纹图案的石膏装饰制品。

3. 孔隙率大，体积密度小，保温隔热性能好，吸声性能好等。建筑石膏水化时的理论需水量仅为其质量的 18.6%，但施工中为了保证浆体具有足够的流动性，其实际加水量常常达 60%～80%左右，大量的水分会逐渐蒸发出来，而在硬化体内留下大量的孔隙，其孔隙率可达 50%～60%。由于孔隙率大，因此石膏制品的体积密度小，属于轻质材料，而且具有良好的保温隔热性能和吸声性能。

4. 耐水性差，抗冻性差。石膏是气硬性胶凝材料，水会削弱其晶体粒子间的结合力，从而导致破坏，因此在使用时应注意所处环境的条件。

5. 防火性能良好。建筑石膏硬化后的主要成分是二水石膏，当其遇火时，二水石膏释放出部分结晶水，而水的热容量很大，蒸发时会吸收大量的热，并在制品表面形成蒸汽幕，可有效地防止火势的蔓延。

6. 具有一定的调温调湿性能。由于石膏制品具有多孔结构，且其热容量较大，吸湿性强，当室内温度、湿度发生变化时，石膏制品能吸入水分或呼出水分，吸收热量或放出热量，可使环境的温度和湿度得到一定的调节。

7. 石膏制品具有良好的可加工性，且装饰性能好。石膏制品可锯、可钉、可刨，便于施工操作。并且其表面细腻平整，色泽洁白，具有典雅的装饰效果。

（五）石膏的应用

了解了石膏的特性后，对于石膏的应用就可作出如下的归纳：

1. 用做室内粉刷和抹灰。石膏洁白细腻，用于室内粉刷、抹灰，具有良好的装饰效果。经石膏抹灰后的内墙面、顶棚，还可直接涂刷涂料、粘贴壁纸。但在施工时应注意：由于建筑石膏凝结很快，施工时应掺入适量的缓凝剂，以保证施工质量。

2. 制作石膏制品。建筑石膏制品的种类较多，我国生产的石膏制品主要有纸面石膏板、空心石膏条板、纤维石膏板、石膏砌块和其他石膏装饰板等。建筑石膏配以纤维增强材料、胶粘剂等，还可以制作各种石膏角线、线板、角花、雕塑艺术装饰制品等。

3. 生石膏可作为水泥生产的原料。水泥生产过程中必须掺入适量的石膏作为缓凝剂，不掺、少掺或多掺都会导致水泥无法正常使用或根本无法使用。

三、水玻璃

水玻璃俗称泡花碱，是由碱金属氧化物和二氧化硅结合而成的能溶于水的一种水溶性硅酸盐物质。根据碱金属氧化物种类不同，水玻璃又主要分为硅酸钠水玻璃（简称钠水玻璃，$Na_2O \cdot nSiO_2$）、硅酸钾水玻璃（简称钾水玻璃，$K_2O \cdot nSiO_2$）。在工程中最常用的是钠水玻璃，以液态供应使用。

（一）水玻璃的生产

水玻璃的生产方法有湿法生产和干法生产两种。湿法生产是将石英砂和氢氧化钠水溶液在压蒸锅内用蒸汽加热溶解而制成的水玻璃溶液。干法生产是将石英砂和碳酸钠磨细搅拌均匀，然后在熔炉中于1300～1400℃温度下熔融。

熔融的水玻璃冷却后得到固态水玻璃，然后在0.3～0.8MPa的蒸压釜内加热溶解成为胶状玻璃溶液。

水玻璃分子式中n称为水玻璃的模数。建筑工程中常用水玻璃的模数一般为2.5～2.8。水玻璃模数越大，越难溶解于水中，当n为1时能溶解于常温水中，模数增大则只能在热水中溶解，当n大于3时则需要在0.4MPa以上的蒸汽中才能溶解。

（二）水玻璃的凝结硬化

液体水玻璃在空气中吸收二氧化碳，形成无定形的硅酸凝胶，并逐渐干燥而硬化。

上式的反应过程进行的很缓慢。为了加速硬化过程，需加热或掺入促硬剂氟硅酸钠（Na_2SiF_6），促使硅酸凝胶加速析出。氟硅酸钠的掺量一般为水玻璃质量的12%～15%。如掺量太少，不但硬化慢、强度低，而且未经反应的水玻璃易溶于水，导致耐水性差；但掺量过多，又会引起凝结过速，使施工困难，而且渗透性增大，强度较低。

（三）水玻璃的特性

1. 粘结力强，强度较高。水玻璃具有良好的胶结能力，且硬化后强度较高。如水玻璃胶泥的抗拉强度大于2.5MPa，水玻璃混凝土的抗压强度在15～40MPa之间。此外，水玻璃硬化析出的硅酸凝胶还可堵塞毛细孔隙，从而起到防止水渗透的作用。对于同一模数的液体水玻璃，其浓度越稠，则粘结力越强。而不同模数的液体水玻璃，模数越大，其胶体成分越多，粘结力也随之增加。

2. 耐酸性好。硬化后的水玻璃，因其主要成分是 SiO_2，所以能抵抗大多数无机酸和有机酸的作用。但水玻璃不耐碱性介质的侵蚀。

3. 耐热性高。水玻璃硬化后形成 SiO_2 空间网状骨架，具有良好的耐热性能。

（四）水玻璃的应用

根据水玻璃的特性，在建筑工程中水玻璃的应用主要有以下几个方面：

1. 配制耐酸、耐热砂浆和混凝土。水玻璃具有很高的耐酸性和耐热性，以水玻璃为胶结材料，加入促硬剂和耐酸、耐热粗细集料，可配制成耐酸、耐热砂浆或混凝土。

2. 作为灌浆材料，加固地基。使用时将模数为 2.5～3 的液体水玻璃和氯化钙溶液交替灌入地下，两种溶液发生化学反应，析出硅酸凝胶，将土壤包裹并填充其孔隙，使土壤固结，从而大大提高地基的承载能力，而且还可以增强地基的不透水性。

3. 作为涂刷或浸渍材料。将液体水玻璃直接涂刷在建筑物的表面，可提高其抗风化能力和耐久性。而用水玻璃浸渍多孔材料后，可使其密实度、强度、抗渗性均得到提高。

四、硅酸盐水泥

水泥是水硬性胶凝材料的通称。水泥加水拌合成具有良好可塑性的浆体后，经一系列物理化学作用，不仅能在空气中凝结硬化，而且能更好地在潮湿环境及水中硬化，保持和发展其强度。

水泥是建筑工程中最重要的建筑材料之一。随着我国现代化建设的高速发展，水泥的应用越来越广泛。不仅大量应用于工业与民用建筑，而且广泛应用于公路、铁路、水利电力、海港和国防等工程中。

目前水泥的品种多达 130 多个。按主要水硬性物质划分，水泥可分为硅酸盐水泥、铝酸盐水泥、硫铝酸盐水泥、铁铝酸盐水泥、氟铝酸盐水泥等系列，其中以硅酸盐系列水泥的应用最广。按用途和性能划分，又可将其分为通用硅酸盐水泥、专用水泥和特性水泥三大类。

通用硅酸盐水泥是指用于一般土木工程的水泥，主要包括硅酸盐水泥、普通硅酸盐水泥、矿渣硅酸盐水泥、火山灰质硅酸盐水泥、粉煤灰硅酸盐水泥、复合硅酸盐水泥六大品种。专用水泥是指具有专门用途的水泥，如道路水泥、大坝水泥、砌筑水泥等。特性水泥是指在某方面具有突出性能的水泥，如膨胀硅酸盐水泥、快硬硅酸盐水泥、白色硅酸盐水泥、低热硅酸盐水泥和抗硫酸盐硅酸盐水泥等。

（一）通用硅酸盐水泥的定义及分类

按国家标准《通用硅酸盐水泥》国家标准第 1 号修改单（GB 175—2007/XG 1—2009）规定：以硅酸盐水泥熟料和适量的石膏及规定的混合材料制成的水硬性胶凝材料。

通用硅酸盐水泥按混合材料的品种和掺量分为硅酸盐水泥、普通硅酸盐水泥、矿渣硅酸盐水泥、火山灰质硅酸盐水泥、粉煤灰硅酸盐水泥和复合硅酸盐水泥。

（二）通用硅酸盐水泥的矿物组成

通用硅酸盐水泥熟料主要有四种矿物组成，其名称、分子式、简写代号和含量范围如下：

硅酸三钙　$3CaO \cdot SiO_2$，简写为 C_3S，含量37%～60%；

硅酸二钙　$2CaO \cdot SiO_2$，简写为 C_2S，含量15%～37%；

铝酸三钙　$3CaO \cdot Al_2O_3$，简写为 C_3A，含量7%～15%；

铁铝酸四钙 $4CaO \cdot Al_2O_3 \cdot Fe_2O_3$，简写为 C_4AF，含量10%～18%。

以上四种主要熟料矿物单独与水作用时的特性，见表3-5。

各种熟料矿物组成单独与水作用时表现出的特性　　表3-5

名称	硅酸三钙	硅酸二钙	铝酸三钙	铁铝酸四钙
凝结硬化速度	快	慢	最快	快
28天水化放热量	多	少	最多	中
强度	高	早期低、后期高	低	低

水泥是几种熟料矿物组成的混合物，改变矿物组成相对比例，水泥的性能即发生相应的变化。例如提高硅酸三钙的含量，可以制得高强度水泥；又如降低铝酸三钙和硅酸三钙含量，提高硅酸二钙含量，可制得水化热低的水泥，如大坝水泥。

（三）通用硅酸盐水泥的组分

通用硅酸盐水泥的组分应符合表3-6的规定。

通用硅酸盐水泥的组分　　表3-6

品种	代号	组分(%)				
		熟料＋石膏	粒化高炉矿渣	火山灰质混合材料	粉煤灰	石灰石
硅酸盐水泥	P·Ⅰ	100				
	P·Ⅱ	≥95	≤5			
		≥95				≤5
普通硅酸盐水泥	P·O	≥80且<95	>5且≤20			
矿渣硅酸盐水泥	P·S·A	≥50且<80	>20且≤50			
	P·S·B	≥30且<50	>50且≤70			
火山灰质硅酸盐水泥	P·P	≥60且<80		>20且≤40		
粉煤灰硅酸盐水泥	P·F	≥60且<80			>20且≤40	
复合硅酸盐水泥	P·C	≥50且<80	>20且≤50			

（四）通用硅酸盐水泥的技术性质

根据国家标准《通用硅酸盐水泥》国家标准第1号修改单(GB 175—2007/XG 1—2009)，对通用硅酸盐水泥的技术性质要求如下：

1. 细度

细度是指水泥颗粒总体的粗细程度。水泥颗粒越细，与水发生反应的表面积越大，因而水化反应速度较快，而且较完全，早期强度也越高，但在空气中硬化收缩性较大，成本也较高。如水泥颗粒过粗则不利于水泥活性的发挥。一般认为水泥颗粒小于40μm(0.04mm)时，才具有较高的活性，大于100μm(0.1mm)活性就很小了。

国家标准《通用硅酸盐水泥》国家标准第1号修改单(GB 175—2007/XG 1—2009)规定：硅酸盐水泥和普通硅酸盐水泥细度以比表面积表示，不小于$300m^2/kg$；矿渣硅酸盐水泥、火山灰质硅酸盐水泥、粉煤灰硅酸盐水泥和复合硅酸盐水泥的细度以筛余表示，80μm方孔筛筛余不大于10%或45μm方孔筛筛余不大于30%。

2. 凝结时间

凝结时间分为初凝时间和终凝时间。初凝时间是指从全部加入水泥在水中开始至水泥净浆开始失去可塑性的时间；终凝时间是指从水泥全部加入水中开始至水泥净浆完全失去可塑性的时间。为使混凝土和砂浆有充分的时间进行搅拌、运输、浇捣和砌筑，水泥初凝时间不能过短。当施工完毕，则要求尽快硬化，具有强度，故终凝时间不能太长。

水泥凝结时间是以标准稠度的水泥净浆，在规定温度及湿度环境下用水泥净浆凝结时间测定仪测定。

国家标准《通用硅酸盐水泥》国家标准第1号修改单(GB 175—2007/XG 1—2009)规定：硅酸盐水泥初凝时间不小于45min，终凝不大于390min；普通硅酸盐水泥、矿渣硅酸盐水泥、火山灰质硅酸盐水泥、粉煤灰硅酸盐水泥和复合硅酸盐水泥初凝不小于45min，终凝不大于600min。

3. 体积安定性

水泥体积安定性是指水泥在凝结硬化过程中体积变化的均匀性。如果水泥硬化后产生不均匀的体积变化，即为体积安定性不良，安定性不良会使水泥制品或混凝土构件产生膨胀性裂缝，降低建筑物质量，甚至引起严重事故。

引起水泥安定性不良的原因有很多，主要有以下三种：熟料中所含的游离氧化钙过多、熟料中所含的游离氧化镁过多和掺入的石膏过多。熟料中所含的游离氧化钙或氧化镁都是过烧的，熟化很慢，在水泥硬化后才进行熟化，这是一个体积膨胀的化学反应，会引起不均匀的体积变化，使水泥石开裂。当石膏掺量过多时，在水泥硬化后，它还会继续与固态的水化铝酸钙反应生成高硫型水化硫铝酸钙，体积约增大1.5倍，也会引起水泥石开裂。

国家标准《通用硅酸盐水泥》国家标准第1号修改单(GB 175—2007/XG 1—2009)规定：水泥安定性经沸煮法检验必须合格。

安定性不合格的水泥应作废品处理，不能用于工程中。

4. 标准稠度用水量

测定水泥标准稠度用水量是为了使测定的水泥凝结时间、体积安定性等性质具有准确可比性。在测定这些技术性质时，必须将水泥拌合为标准稠度水泥净浆。

标准稠度水泥净浆是指采用标准稠度测定仪测得试杆在水泥净浆中下沉至距底板 6±1mm 时的水泥净浆。标准稠度用水量，用拌合标准稠度水泥净浆的水量除以水泥质量的百分数表示。

5. 水泥的强度与强度等级

根据国家标准《通用硅酸盐水泥》国家标准第 1 号修改单(GB 175—2007/XG 1—2009)和《水泥胶砂强度检验方法(ISO 法)》(GB/T 17671—1999)的规定，测定水泥强度，应按规定制作试件，养护，并测定在规定龄期的抗折强度和抗压强度值，来评定水泥强度等级。

通用硅酸盐水泥按规定龄期的抗压强度和抗折强度划分其强度等级。不同品种不同强度等级的通用硅酸盐水泥，其各龄期的强度值应符合表 3-7 所示的规定。

通用硅酸盐水泥各龄期的强度表《通用硅酸盐水泥》国家标准第 1 号修改单(GB 175—2007/XG 1—2009) **表 3-7**

品种	强度等级	抗压强度(MPa)		抗折强度(MPa)	
		3d	28d	3d	28d
硅酸盐水泥	42.5	≥17.0	≥42.5	≥3.5	≥6.5
	42.5*R*	≥22.0		≥4.0	
	52.5	≥23.0	≥52.5	≥4.0	≥7.0
	52.5*R*	≥27.0		≥5.0	
	62.5	≥28.0	≥62.5	≥5.0	≥8.0
	62.5*R*	≥32.0		≥5.5	
普通硅酸盐水泥	42.5	≥17.0	≥42.5	≥3.5	≥6.5
	42.5*R*	≥22.0		≥4.0	
	52.5	≥23.0	≥52.5	≥4.0	≥7.0
	52.5*R*	≥27.0		≥5.0	
矿渣硅酸盐水泥 火山灰质硅酸盐水泥 粉煤灰硅酸盐水泥 复合硅酸盐水泥	32.5	≥10.0	≥32.5	≥2.5	≥5.5
	32.5*R*	≥15.0		≥3.5	
	42.5	≥15.0	≥42.5	≥3.5	≥6.5
	42.5*R*	≥19.0		≥4.0	
	52.5	≥21.0	≥52.5	≥4.0	≥7.0
	52.5*R*	≥23.0		≥4.5	

注：*R*——早强型(主要是 3d 强度较同强度等级水泥高)。

6. 实际密度、堆积密度

通用硅酸盐水泥的实际密度主要取决于其熟料矿物组成，一般为 3.00～3.20g/cm^3。硅酸盐水泥的堆积密度除与矿物组成及细度有关，主要取决于水泥堆积时的紧密程度，一般为1000～1600kg/m³。

7. 化学指标

通用硅酸盐水泥的化学指标应符合表3-8的规定。

通用硅酸盐水泥的化学指标　　表3-8

<table>
<tr><th>品种</th><th>代号</th><th>不溶物
(质量分数)</th><th>烧失量
(质量分数)</th><th>三氧化硫
(质量分数)</th><th>氧化镁
(质量分数)</th><th>氯离子
(质量分数)</th></tr>
<tr><td rowspan="2">硅酸盐水泥</td><td>P·Ⅰ</td><td>≤0.75</td><td>≤3.0</td><td rowspan="3">≤3.5</td><td rowspan="3">≤5.0</td><td rowspan="8">≤0.06</td></tr>
<tr><td>P·Ⅱ</td><td>≤1.5</td><td>≤3.5</td></tr>
<tr><td>普通硅酸盐水泥</td><td>P·O</td><td></td><td>≤5.0</td></tr>
<tr><td rowspan="2">矿渣硅酸盐水泥</td><td>P·S·A</td><td></td><td></td><td rowspan="2">≤4.0</td><td>≤6.0</td></tr>
<tr><td>P·S·B</td><td></td><td></td><td></td></tr>
<tr><td>火山灰硅酸盐水泥</td><td>P·P</td><td></td><td></td><td rowspan="3">≤3.5</td><td rowspan="3">≤6.0</td></tr>
<tr><td>粉煤灰硅酸盐水泥</td><td>P·F</td><td></td><td></td></tr>
<tr><td>复合硅酸盐水泥</td><td>P·C</td><td></td><td></td></tr>
</table>

注：1. 对于硅酸盐水泥和普通硅酸盐水泥，如果水泥压蒸试验合格，则水泥中氧化镁的含量(质量分数)允许放宽至6.0%。
2. 对于硅酸盐水泥和普通硅酸盐水泥，如果水泥中氧化镁的含量(质量分数)大于6.0%时，需进行水泥压蒸安定性试验并合格。
3. 当有更低要求时，该指标由买卖双方协商确定。

8. 水化热

水泥在水化过程中放出的热称为水化热。水化放热量和放热速度不仅取决于水泥的矿物组成，而且还与水泥细度、水泥中掺混合材料及外加剂的品种、数量等有关。硅酸盐水泥水化放热量大部分在早期放出，以后逐渐减少。

大型基础、水坝、桥墩等大体积混凝土构筑物，由于水化热聚集在内部不易散热，内部温度常上升到50～60℃以上，内外温度差引起的应力，可使混凝土产生裂缝，因此水化热对大体积混凝土是有害因素。在大体积混凝土工程中，不宜采用硅酸盐水泥这类水化热较高的水泥品种。

(五) 通用硅酸盐水泥的特性与应用

通用硅酸盐水泥是建筑工程中用途最广，用量最大的水泥种类。通用水泥的成分、特性、应用范围见表3-9、表3-10。

通用硅酸盐水泥的成分及特性　　表3-9

<table>
<tr><th rowspan="2">品种</th><th rowspan="2">组　成</th><th colspan="2">特　性</th></tr>
<tr><th>优　点</th><th>缺　点</th></tr>
<tr><td>硅酸盐水泥</td><td>以硅酸盐水泥熟料为主、0～5%的石灰石或粒化高炉矿渣</td><td>1. 凝结硬化快，强度高；
2. 抗冻性好，耐磨性和不透水性强</td><td>1. 水化热大；
2. 耐腐蚀性能差；
3. 耐热性较差</td></tr>
<tr><td>普通水泥</td><td>硅酸盐水泥熟料、6%～20%的混合材料，或非活性混合材料10%以下</td><td colspan="2">与硅酸盐水泥相比，性能基本相同仅有以下改变：
1. 早期强度增进率略有减少；
2. 抗冻性、耐磨性稍有下降；
3. 抗硫酸盐腐蚀能力有所增强</td></tr>
</table>

续表

品种	组成	特性	
		优点	缺点
矿渣水泥	硅酸盐水泥熟料、21%～70%的粒化高炉矿渣	1. 水化热较小； 2. 抗硫酸盐腐蚀性能较好； 3. 耐热性较好	1. 早期强度较低，后期强度增长较快； 2. 抗冻性差
火山灰水泥	硅酸盐水泥熟料、21%～40%的火山灰质混合材料	抗渗性较好，耐热性不及矿渣水泥，其他优点同矿渣硅酸盐水泥	缺点同矿渣水泥
粉煤灰水泥	硅酸盐水泥熟料、21%～40%的粉煤灰	1. 干缩性较小； 2. 抗裂性较好； 3. 其他优点同矿渣水泥	缺点同矿渣水泥
复合水泥	硅酸盐水泥熟料、21%～50%的两种或两种以上混合材料	3d 龄期强度高于矿渣水泥，其他优点同矿渣水泥	缺点同矿渣水泥

通用硅酸盐水泥的应用范围 表 3-10

混凝土工程特点和所处环境条件		优先选用	可以使用	不宜使用
混凝土工程特点	在普通气候环境中的混凝土	普通水泥	矿渣水泥 火山灰水泥 粉煤灰水泥 复合水泥	
	在干燥环境中的混凝土	普通水泥	矿渣水泥	火山灰水泥 粉煤灰水泥
	在高湿度环境中或永远处在水下的混凝土	矿渣水泥	普通水泥 火山灰水泥 粉煤灰水泥 复合水泥	
	厚大体积的混凝土	粉煤灰水泥 矿渣水泥 火山灰水泥 复合水泥	普通水泥	硅酸盐水泥 快硬硅酸盐水泥
所处环境条件	要求快硬的混凝土	快硬硅酸盐水泥 硅酸盐水泥	普通水泥	矿渣水泥 火山灰水泥 粉煤灰水泥 复合水泥
	高强(大于 C40)的混凝土	硅酸盐水泥	普通水泥 矿渣水泥	火山灰水泥 粉煤灰水泥
	严寒地区的露天混凝土，寒冷地区的处在水位升降范围内的混凝土	普通水泥	矿渣水泥 (强度等级>32.5)	火山灰水泥 粉煤灰水泥
	严寒地区处在水位升降范围内的混凝土	普通水泥 (强度等级>42.5)		矿渣水泥 火山灰水泥 粉煤灰水泥 复合水泥

续表

混凝土工程特点和所处环境条件		优先选用	可以使用	不宜使用
所处环境条件	有抗渗性要求的混凝土	普通水泥 火山灰水泥		矿渣水泥
	有耐磨性要求的混凝土	硅酸盐水泥 普通水泥	矿渣水泥 （强度等级＞32.5）	火山灰水泥 粉煤灰水泥
	受侵蚀性介质作用的混凝土	矿渣水泥 火山灰水泥 粉煤灰水泥 复合水泥		硅酸盐水泥

注：蒸汽养护时用的水泥品种，宜根据具体条件通过试验确定。

五、通用水泥的验收

水泥的验收工作是从以下三个方面进行：

1. 水泥的外观验收

水泥的包装和标志在国家标准中都作了明确的规定：水泥袋上应清楚标明产品名称，代号，净含量，强度等级，生产许可证编号，生产者名称和地址，出厂编号，执行标准号，包装年、月、日等。外包装上印刷体的颜色也作了具体规定，如硅酸盐水泥和普通水泥的印刷采用红色，矿渣水泥采用绿色，火山灰和粉煤灰水泥采用黑色。

2. 水泥的数量验收

水泥的数量验收也是根据国家标准的规定进行。国家标准规定：袋装水泥每袋净含量 50kg，且不得少于标准质量的 98%。随机抽取 20 袋总净质量不得少于 1000kg。

3. 水泥的质量验收

水泥的质量验收是抽取实物试样，检验水泥的各项技术性质是否与国家标准的具体规定相符合。所有项目均符合标准规定的水泥为合格品，若有某些技术性质与国家标准不相符合，则为不合格品或废品。具体规定如下：

(1) 不合格品：凡细度、终凝时间、不溶物、烧失量以及混合材料掺量中的任何一项不符合标准规定者，或强度低于该品种水泥强度等级规定者，均为不合格品。另外，水泥包装标志中水泥品种、强度等级、生产厂名称和地址、出厂编号不全者也为不合格品。

(2) 废品：凡氧化镁、三氧化硫含量、初凝时间、体积安定性中任何一项不符合标准规定者，或强度低于该品种水泥最低强度等级规定者，均为废品。

通用水泥按标准《通用水泥质量等级》(JC/T 452—2002)的规定划分为优等品、一等品和合格品三个质量等级。各质量等级的技术指标应符合表 3-11 的规定。

通用水泥的质量等级 **表 3-11**

	优等品		一等品		合格品
	硅酸盐水泥 复合水泥 石灰石硅 酸盐水泥	矿渣水泥 火山灰水泥 粉煤灰水泥	硅酸盐水泥 复合水泥 石灰石硅 酸盐水泥	矿渣水泥 火山灰水泥 粉煤灰水泥	通用水泥 各品种
抗压强度(MPa) 3d 不小于 28d 不小于 不大于	 32.0 56.0 1.1$\bar{R}$	 28.0 56.0 1.1$\bar{R}$	 26.0 46.0 1.1$\bar{R}$	 22.0 46.0 1.1$\bar{R}$	
终凝时间(h)，不大于	6.5	6.5	6.5	8.0	

注：$\bar{R}$ 为同品种同强度等级水泥的 28d 抗压强度上月平均值。

六、水泥的保管

水泥进场后的保管应注意以下问题：

1. 不同生产厂家，不同品种、强度等级和不同出厂日期的水泥应分别堆放，不得混存混放，更不能混合使用。

2. 水泥的吸湿性大，在储存和保管时必须注意防潮防水。临时存放的水泥要做好上盖下垫：必要时盖上塑料薄膜或防雨布，要垫高存放，离地面或墙面至少 200mm 以上。

3. 存放袋装水泥，堆垛不宜太高，一般以 10 袋为宜，太高会使底层水泥过重而造成袋包装破裂，使水泥受潮结块。如果储存期较短或场地太狭窄，堆垛可以适当加高，但最多不宜超过 15 袋。

4. 水泥储存时要合理安排库内出入通道和堆垛位置，以使水泥能够实行先进先出的发放原则。避免部分水泥因长期积压在不易运出的角落里，造成受潮而变质。

5. 水泥储存期不宜过长，以免受潮变质或引起强度降低。储存期按出厂日期起算，一般水泥为三个月，铝酸盐水泥为两个月，快硬水泥和快凝快硬水泥为一个月。水泥超过储存期必须重新检验，根据检验的结果决定是否继续使用或降低强度等级使用。

水泥在储存过程中易吸收空气中的水分而受潮，水泥受潮以后，多出现结块现象，而且烧失量增加，强度降低。对水泥受潮程度的鉴别和处理可参照表 3-12。

受潮水泥的简易鉴别和处理方法 **表 3-12**

受潮程度	水泥外观	手感	强度降低	处理方法
轻微受潮	水泥新鲜，有流动性，肉眼观察完全呈细粉	用手捏碾无硬粒	强度降低不超过 5%	照常使用
开始受潮	水泥凝有小球粒，但易散成粉末	用手捏碾无硬粒	强度降低 5%以下	用于要求不严格的工程部位
受潮加重	水泥细度变粗，有大量小球粒和松块	用手捏碾，球粒可成细粉，无硬粒	强度降低 15%～20%	将松块压成粉末，降低强度用于要求不严格的工程部位

续表

受潮程度	水泥外观	手感	强度降低	处理方法
受潮较重	水泥结成粒块，有少量硬块，但硬块较松，容易击碎	用手捏碾，不能变成粉末，有硬粒	强度降低30%～50%	用筛子筛去硬粒、硬块，降低强度用于要求较低的工程部位
严重受潮	水泥中有许多硬粒、硬块，难以压碎	用手捏碾不动	强度降低50%以上	不能用于工程中

第二节 骨 料

骨料是建筑砂浆及混凝土的主要组成材料之一。起减少由于胶凝材料在凝结硬化过程中干缩湿胀所起体积变化等作用，同时还可以作为胶凝材料的填充材料。在建筑工程中所使用的骨料有砂、石等。

一、细骨料(砂)

由天然风化、水流搬运和分选、堆积形成的粒径小于4.75mm的岩石颗粒。

(一) 砂的分类

按是否加工可分为：天然砂和人工砂。

天然砂：是天然岩石经长期自然变化而形成的粒径小于4.75mm的岩石颗粒。分山砂、河砂、海砂。

人工砂：是天然砂经人工破碎筛分而形成的粒径小于4.75mm的岩石颗粒。

(二) 砂的技术要求

砂的技术要求有：

1. 细度模数

按《普通混凝土用砂、石质量及检验方法标准》(JGJ 52—2006)规定，砂按细度模数可分为：粗砂、中砂、细砂、特细砂四级，其范围应符合下列规定：

粗砂：$\mu_f=3.7\sim3.1$

中砂：$\mu_f=3.0\sim2.3$

细砂：$\mu_f=2.2\sim1.6$

特细砂：$\mu_f=1.5\sim0.7$

2. 颗粒级配

砂按630μm的累计筛余率将混凝土用砂分为Ⅰ区、Ⅱ区、Ⅲ区三个级配区。砂的颗粒级配应在表3-13中的任何一个级配区内。

配制混凝土时宜优先选用Ⅱ区砂，当采用Ⅰ区砂时，应提高砂率，并保持足够的水泥用量，以保证混凝土的和易性；当采用Ⅲ区砂时，宜适当降低砂率，以保证混凝土的强度。

当砂的颗粒级配不符合表3-13要求时，应采取相应措施并经证明能确保工程质量，方可使用。

砂的颗粒级配区范围 表 3-13

累计筛余(%) 级配区 / 筛孔尺寸	Ⅰ区	Ⅱ区	Ⅲ区
5.00mm	10～0	10～0	10～0
2.50mm	35～5	25～0	15～0
1.25mm	65～35	50～10	25～0
630μm	85～71	70～41	40～16
315μm	95～80	92～70	85～55
160μm	100～90	100～90	10～90

3. 泥块含量

砂的泥块含量应符合表 3-14 的规定。

砂的泥块含量 表 3-14

混凝土强度等级	≥C60	C55～C30	≤C25
砂泥块含量(按质量计，%)	≤0.5	≤1.0	≤2.0

对有抗冻、抗渗或其他特殊要求的小于或等于 C25 混凝土用砂，其含泥量不应大于 1.0%。

4. 含泥量和石粉含量

天然砂的含泥量应符合表 3-15 的规定。

天然砂的泥块含量 表 3-15

混凝土强度等级	≥C60	C55～C30	≤C25
砂含泥量(按质量计，%)	≤2.0	≤3.0	≤5.0

对有抗冻、抗渗或其他特殊要求的小于或等于 C25 混凝土用砂，其含泥量不应大于 3.0%。

人工砂或混合砂中的石粉含量应符合表 3-16 的规定。

人工砂或混合砂的泥块含量规定 表 3-16

混凝土强度等级		≥C60	C55～C30	≤C25
石粉含量(%)	MB<1.4(合格)	≤5.0	≤7.0	≤10.0
	MB≥1.4(不合格)	≤2.0	≤3.0	≤5.0

5. 坚固性

砂的坚固性用硫酸钠溶液检验，试样经五次循环后其重量损失应符合表 3-17 规定。

砂的坚固性指标 表 3-17

混凝土所处的环境条件及其性能要求	5 次循环后的质量损失(%)
在严寒及寒冷地区室外使用并经常处于潮湿或干湿交替状态下的混凝土； 对于有抗疲劳、耐磨、抗冲击要求的混凝土； 有腐蚀介质作用或经常处于水位变化区的地下结构混凝土	≤8
其他条件下使用的混凝土	≤10

6. 砂中有害物质

砂中如云母、轻物质、有机物、硫化物、硫酸盐等有害物质，其含量应符合表 3-18 的规定。

砂中的有害物质含量 表 3-18

项 目	质 量 指 标
云母含量(按质量计，%)	≤2.0
轻物质含量(按质量计，%)	≤1.0
硫化物及硫酸盐含量(折算成 SO_3 按质量计，%)	≤1.0
有机物含量(用比色法试验)	颜色不应深于标准色，当深于标准色时，应按水泥胶砂强度试验方法进行强度对比试验，抗压强度比不应低于 0.95

对于有抗冻、抗渗要求的混凝土用砂其云母含量不应大于 1.0%。

当砂中含有颗粒状的硫酸盐或硫化物杂质时，应进行专门检验，确认能满足混凝土耐久性要求后，方可使用。

7. 重要工程的混凝土所使用的砂，应采用化学法和砂浆长度法进行骨料的碱活性检验。经检验判断为有潜在危害时，应控制混凝土中的碱含量不超过 $3kg/m^3$，或采用能抑制碱骨料反应的有效措施。

8. 建筑用砂的表观密度、堆积密度、空隙率

建筑用砂的表观密度应大于 $2500kg/m^3$；松散堆积密度应大于 $1350kg/m^3$；空隙率小于 47%。

(三) 砂的适用范围

砂由于细度模数不同，其特点和适用范围也不同。

粗砂：砂中粗颗粒过多，保水性差，适用于配制水泥用量较多或低流动性混凝土。

中砂：粗细适中，级配好，适用于配制各种混凝土。

细砂：配制的混凝土拌合物黏聚性较差，保水性好，硬化后干缩大，表面易产生裂纹。

二、粗骨料(石)

1. 石的分类

按生产工艺不同可分为卵石和碎石。按级配可分为连续级配和单粒级配。

2. 技术要求

《普通混凝土用砂、石质量及检验方法标准》(JGJ 52—2006)规定。

(1) 颗粒级配

建筑用卵石、碎石的颗粒级配应符合表 3-19 的规定。

建筑用卵石、碎石的颗粒级配 **表 3-19**

级配情况	公称粒级(mm)	累计筛余(%)											
		筛孔尺寸(mm)											
		2.5	5.0	10.0	16.0	20.0	25.0	31.5	40.0	50.0	63.0	80.0	100
连续级配	5～10	95～100	80～100	0～15	0								
	5～16	95～100	90～100	30～60	0～10	0							
	5～20	95～100	90～100	40～70		0～10	0						
	5～25	95～100	90～100		30～70		0～5	0					
	5～31.5	95～100	90～100		15～45		0～5	0					
	5～40		95～100	75～90		30～65			0～5	0			
单粒级	10～20		95～100	85～100		0～15	0						
	16～31.5		95～100		85～100			0～10	0				
	20～40			95～100		80～100			0～10	0			
	31.5～63				95～100			75～100	45～75		0～10	0	
	40～80					95～100			70～100		30～60	0～10	0

(2) 含泥量和泥块含量

建筑用卵石、碎石的泥块含量应符合表 3-20 规定。含泥量应符合表 3-21 的规定。

建筑用卵石、碎石的泥块含量 **表 3-20**

混凝土强度等级	≥C60	C55～C30	≤C25
泥块含量(按质量计,%)	≤0.2	≤0.5	≤0.7

建筑用卵石、碎石的含泥量 **表 3-21**

混凝土强度等级	≥C60	C55～C30	≤C25
泥块含量(按质量计,%)	≤0.5	≤1.0	≤2.0

对于有抗冻、抗渗或其他特殊要求强度等级小于 C30 的混凝土,所用碎石或卵石中的泥块含量不应大于 0.5%。

对于有抗冻、抗渗或其他特殊要求的混凝土，所用碎石或卵石中的含泥量不应大于1.0%。当碎石或卵石的含泥量是非黏土质的石粉时，可由表中的0.5%、1.0%、2.0%，分别提高到1.0%、1.5%、3.0%。

(3) 针片状颗粒含量

建筑卵石、碎石的针片状颗粒含量应符合表3-22规定。

建筑卵石、碎石的针片状颗粒含量　　表3-22

混凝土强度等级	≥C60	C55～C30	≤C25
针片状颗粒(按质量计，%)	≤8	≤15	≤25

(4) 有害物质

建筑用卵石和碎石中不得混有草根、树叶、树枝、塑料、煤块、炉渣等物质。其有害物质的含量应符合表3-23的规定。

建筑用卵石和碎石的有害物质的含量　　表3-23

项　目	质 量 要 求
硫化物及硫酸盐含量(折算成 SO_3 按质量计，%)	≤1.0
有机物含量(用比色法试验)	颜色不应深于标准色，当深于标准色时，应按水泥胶砂强度试验方法进行强度对比试验，抗压强度比不应低于0.95

(5) 坚固性

石子的坚固性采用硫酸钠溶液法进行试验，经五次循环后，其质量损失应符合表3-24的规定。

石子的坚固性指标　　表3-24

混凝土所处的环境条件及其性能要求	5次循环后的质量损失(%)
在严寒及寒冷地区室外使用并经常处于潮湿或干湿交替状态下的混凝土； 对于有抗疲劳、耐磨、抗冲击要求的混凝土； 有腐蚀介质作用或经常处于水位变化区的地下结构混凝土	≤8
其他条件下使用的混凝土	≤12

(6) 强度

碎石的强度可用岩石的抗压强度和压碎指标表示。岩石的抗压强度应比所配制的混凝土强度至少高20%。当混凝土强度等级大于C60时，应进行岩石抗压强度检验。工程中可采用压碎指标进行质量控制。碎石的压碎指标宜符合表3-25的规定。

碎石的压碎值指标　　表3-25

岩石品种	混凝土强度等级	碎石的压碎值指标(%)
沉积岩	C60～C40	≤10
	≤C35	≤16

续表

岩石品种	混凝土强度等级	碎石的压碎值指标(%)
变质岩或深成的火成岩	C60～C40	≤12
	≤C35	≤20
喷出的火成岩	C60～C40	≤13
	≤C35	≤30

卵石的强度可用压碎指标表示。其压碎值指标应满足表 3-26 的规定。

卵石的压碎值指标　　　　表 3-26

混凝土强度等级	C60～C40	≤C35
压碎值指标(%)	≤12	≤16

(7) 建筑用卵石、碎石的表观密度、堆积密度、空隙率

建筑用卵石、碎石的表观密度应大于 2500kg/m³；松散堆积密度应大于 1350kg/m³；空隙率小于 47%。

三、质量验收

(一) 资料验收

生产单位应保证出厂产品符合质量要求，产品应有质量保证书，其内容包括生产厂名及产地、质量保证书的编号、签发日期、签发人员、技术指标的检验结果，如为海砂应注明氯盐含量。

(二) 实物验收

砂、石应按批进行质量检验，其检验批按以下确定：

1. 对集中生产的，以 400m³ 或 600t 为一批；对分散生产的，以 200m³ 或 300t 为一批；不足者以一批计。

2. 对产地、质量比较稳定，进料量又大时，以 1000t 检验一次。

3. 检验项目

石：每验收批至少应进行颗粒级配、含泥量、泥块含量、针片状颗粒含量检验。对重要工程或特别工程应根据工程要求，可增加检测项目。对其他指标有怀疑时，也应检验。

砂：每验收批至少应进行颗粒级配、含泥量、泥块含量检验。如为海砂，还应检验氯离子含量。对重要工程或特别工程应根据工程要求，可增加检测项目。对其他指标有怀疑时，也应检验。

(三) 不合格品的处理

建筑用卵石、碎石的检验结果不符合《建筑用卵石、碎石》(GB/T 14685—2001) 规定指标时，砂的检验结果不符合《建筑用砂》(GB/T 14684—2001) 规定指标时，可根据混凝土工程的质量要求，结合具体情况，提出相应的措施，经试验证明能确保工程质量时，方可使用该石或砂拌制混凝土。

第三节 混 凝 土

混凝土泛指由无机胶凝材料或有机胶凝材料、粗、细骨料、水、外加剂或掺合料按一定比例拌合在一起并在一定条件下凝结、硬化而成的人造石材。混凝土品种繁多，分类方法各不相同，一般分类如下：

按体积密度分有：特重混凝土体积密度大于 2700kg/m³；重混凝土体积密度为 1900～2500kg/m³；轻混凝土体积密度小于 1900kg/m³。

按性能和用途分有：结构混凝土、耐热混凝土、耐火混凝土、不发火混凝土、防水混凝土、绝热混凝土、耐油混凝土、耐酸混凝土、耐碱混凝土、防护混凝土、补偿收缩混凝土等。

按胶凝材料分有：水泥混凝土、沥青混凝土、硫磺混凝土、树脂混凝土、聚合物混凝土、石膏混凝土等。

按流动性分有：干硬性混凝土、塑性混凝土、流动性混凝土、大流动性混凝土等。

按强度分有：普通混凝土，抗压强度在 10～50MPa；高强混凝土，抗压强度大于 60MPa；超高强混凝土，抗压强度大于 100MPa。

按施工方法分有：泵送混凝土、喷射混凝土、离心混凝土、真空混凝土、振实挤压混凝土、升浆法混凝土等。

目前我国混凝土的强度等级主要有：C10、C15、C20、C25、C30、C35、C40、C45、C50、C55、C60、C65、C70、C75、C80 共十五个等级。

一、混凝土配合比设计

混凝土配合比设计是生产混凝土的重要技术参数，直接关系到混凝土的使用要求、质量和成本，是混凝土质量控制的重要环节。

混凝土配合比设计的主要依据是：混凝土的强度等级；混凝土拌合物的质量；其他技术性能要求，如抗折性、抗冻性、抗渗性、抗蚀性等；施工情况。

（一）原材料的选用

拌制混凝土的原材料应符合标准的规定，同时要根据工程和施工特点合理地选用。

1. 水泥

品种的选择：选择的原则是根据混凝土工程的性质、特点及所处的环境条件和施工条件来合理地选择水泥的品种。水泥的品种主要是通用水泥即硅酸盐水泥、普通水泥、矿渣水泥、粉煤灰水泥、火山灰质水泥和复合水泥。对于大体积混凝土宜选用水化热低的矿渣水泥。

强度等级的选择：通常情况下，预拌混凝土应选择强度等级不小于 32.5 的水泥。

2. 砂

按砂的细度模数大小，砂分为粗砂、中砂、细砂和特细砂。粗砂保水性差；细砂黏聚性较差，同样强度等级的混凝土水泥用量较多，硬化后干缩较大。因此拌制混凝土宜选用中砂，当选用细砂时要采取技术措施，确保混凝土的质量。

3. 石

拌制混凝土应采用连续级配的石子，石子的最大粒径应符合混凝土施工的要求。

4. 外加剂

为了降低混凝土用水量，提高混凝土强度和改善混凝土性能，外加剂在拌制混凝土中得到了广泛应用。尤其是减水剂的使用更为普遍。选用外加剂时，除了正确选用外加剂的种类外，还必须经检验合格后方可使用。

5. 水

对混凝土拌合用水的质量要求是：不影响混凝土的凝结硬化；无损于混凝土强度发展和耐久性；不锈蚀钢筋；不引起预应力钢筋脆断；不污染混凝土表面。因此，对混凝土用水提出了具体的质量要求。

混凝土用水应采用洁净的天然水或自来水。一般来讲，水中不能含有油脂和糖类，若含有这些物质，则水泥不易硬化；pH 值小于 4 的酸性水不能使用；硫化物和硫酸盐含量大于 1%的水不能使用。一般不能使用海水拌制混凝土，有些书上讲可用海水拌制混凝土，是指只能用于拌制素混凝土。

（二）混凝土配制强度的确定

1. 混凝土配制强度的确定

合理确定混凝土配制强度十分重要，混凝土配制强度定得过高，将使其成本提高。若定得过低，将影响混凝土强度检验评定的合格率。因此要合理确定混凝土的配制强度。根据《普通混凝土配合比设计规程》规定，混凝土施工配制强度按下式确定：

$$f_{cu,o}=f_{cu,k}+1.645\sigma$$

式中 $f_{cu,o}$——混凝土的施工配制强度；

$f_{cu,k}$——混凝土强度等级标准值；

σ——混凝土强度标准差。

2. 确定混凝土配制强度的几种情况

（1）当配制重要工程中的混凝土时，应适当提高混凝土的配制强度。即取：

$$f_{cu,o}>f_{cu,k}+1.645\sigma$$

对于重要工程的混凝土，当其强度检验评定的合格率（或保证率）要求较高时，配制强度应有所提高。配制强度提高的方法可采用提高保证率系数的办法（即取大于 1.645 的系数值）。当保证率要求达到 97.73%时，保证率系数取 2.0，则混凝土配制强度 $f_{cu,o}=f_{cu,k}+2.0\sigma$。

（2）当施工现场条件与试验室条件相差较大时，混凝土的配制强度也应有所提高，配制强度提高的方法可将配制强度乘以大于 1.0 的系数来调整。

（3）当混凝土强度的合格评定采用非统计法时，可按将配制强度乘以大于 1.0 的系数来调整。

（三）混凝土配合比的设计计算

1. 混凝土的水灰比 W/C

混凝土的水灰比是指混凝土中水与水泥的质量比。混凝土的水灰比是根据混凝土配制强度及所用水泥的品种、强度等级进行确定。

(1) 统计法

根据混凝土生产企业的经验和统计资料，按混凝土强度及水灰比的关系曲线选定水灰比。

(2) 非统计法

$$\frac{W}{C}=\frac{\alpha_a f_{ce}}{f_{cu,o}+\alpha_a\alpha_b f_{ce}}$$

式中 $\alpha_a\alpha_b$——回归系数；采用卵石，$\alpha_a=0.48$，$\alpha_b=0.33$；采用碎石 $\alpha_a=0.46$，$\alpha_b=0.07$；

f_{ce}——水泥 28d 抗压强度实测值，当无实测值时 $f_{ce}=\gamma_c f_{ce,g}$；

γ_c——为水泥强度等级的富余系数，一般取 $\gamma_c=1.13$；

$f_{ce,g}$——水泥强度等级值。

当混凝土强度等级不小于 C60 时，其水灰比一般为 0.24～0.42。

2. 选定混凝土的单位用水量

所谓单位用水量是指每立方米混凝土的用水量。

混凝土的单位用水量是根据混凝土工程的结构种类、钢筋的疏密、骨料的品种及石子最大粒径来选定。可参照表 3-27 进行。

混凝土的单位用水量选用表 **表 3-27**

拌合物稠度		卵石最大粒径(mm)				碎石最大粒径(mm)			
项目	指标	10	20	31.5	40	10	20	31.5	40
坍落度(mm)	10～30	190	170	160	150	200	185	175	165
	35～50	200	180	170	160	210	195	185	175
	55～70	210	190	180	170	220	205	195	185
	75～90	215	195	185	175	230	215	205	195
维勃稠度(s)	16～20	175	160	—	145	180	170	—	155
	11～15	180	165	—	150	185	175	—	160
	5～10	185	170	—	155	190	180	—	165

注：本表用水量系采用中砂时的平均值。如采用细砂，用水量可增加 5～10kg，采用粗砂时可减少 5～10kg。掺外加剂时可相应增减用水量。本表只适用于水灰比在 0.4～0.7 范围内的混凝土。

3. 计算水泥用量(m_{c0})

根据已选定的混凝土单位用水量及所计算的水灰比进行计算。即：

$$m_{c0}=\frac{m_{w0}}{W/C}$$

为保证混凝土的耐久性，计算所得的水泥用量还必须要满足其最大水灰比和最小水泥用量的要求。

4. 确定砂率(β_s)

根据所用粗骨料的品种、最大粒径和所计算的水灰比进行选用。可参照表 3-28。

混凝土砂率选用表 表 3-28

水灰比(W/C)	卵石最大粒径(mm)			碎石最大粒径(mm)		
	10	20	40	16	20	40
0.40	26～32	25～31	24～30	30～35	29～34	27～32
0.50	30～35	29～34	28～33	33～38	32～37	30～35
0.60	33～38	32～37	31～36	36～41	35～40	33～38
0.70	36～41	35～40	34～39	39～44	38～43	36～41

注：本表砂率系中砂选用砂率。对细砂或粗砂可相应减少或增加砂率。本砂率选用表适用于坍落度为10～60mm的混凝土。坍落度若大于60mm或小于10mm时，应相应的增加或减少砂率。

5. 计算砂、石用量(m_{g0}、m_s)

(1) 绝对体积法

$$\begin{cases} \dfrac{m_{c0}}{\rho_c}+\dfrac{m_{s0}}{\rho_s'}+\dfrac{m_{g0}}{\rho_g'}+\dfrac{m_{w0}}{\rho_w}+\alpha=1 \\ \beta_s=\dfrac{m_{s0}}{m_{s0}+m_{g0}}\times100\% \end{cases}$$

式中 α——混凝土的含气量，是指占混凝土的体积百分数，当不掺外加剂时，$\alpha=0.01$；

ρ_c——水泥的密度，可取2900～3100kg/m^3；

ρ_s'——砂的表观密度(kg/m^3)；

ρ_g'——石的表观密度(kg/m^3)；

ρ_w——水的密度(kg/m^3)；

β_s——砂率(%)。

(2) 质量法

$$\begin{cases} m_{c0}+m_{s0}+m_{g0}+m_{w0}=m_{cp} \\ \beta_s=\dfrac{m_{s0}}{m_{s0}+m_{g0}}\times100\% \end{cases}$$

式中 m_{cp}——1m^{3}混凝土的假定体积密度，其值一般在2350～2450kg/m^3。

(四) 混凝土基准配合比的确定

混凝土必须经试拌、检验和易性，然后进行必要的调整，最后将符合和易性要求和混凝土配合比作为混凝土的基准配合比。试配要求如下：

1. 试配时应采用工程中实际使用的材料，按计算所得配合比进行试拌。

2. 混凝土的方法应与生产时使用的方法相同。

3. 测定混凝土拌合物的和易性。

4. 混凝土拌合物的和易性不满足要求时，应进行调整；若坍落度过小，则应保持混凝土水灰比不变，增加水泥浆用量；若混凝土坍落度过大，则应保持砂率不变，增加砂石用量；若出现含砂不足，黏聚性或保水性不良时，可适当增大砂率，反之应减小砂率。直至满足要求。

5. 测定混凝土的体积密度，并重新计算每立方米混凝土各组成材料用量，得出和易性符合要求，供检验混凝土强度的基准配合比。

（五）混凝土配合比确定

1. 检验混凝土强度

检验混凝土强度时应至少采用三个不同水灰比的配合比，其中一个为基准配合比，另两个配合比是在基准配合比的基础上，水灰比分别增减0.05。

2. 检测混凝土拌合物的和易性

在制作三个配合比的混凝土强度试件时，应分别测定三个配合比的混凝土的和易性及体积密度。

3. 混凝土配合比确定

根据试验结果，在三个配合比中选出一个既满足强度、和易性要求，且水泥用量又少的配合比作为混凝土的配合比。根据试验所得的混凝土强度，以强度为纵坐标、水灰比为横坐标，绘制出混凝土强度与水灰比的关系曲线，找出混凝土配制强度相对应的水灰比值，计算出混凝土配合比，其各组成材料用量为：

（1）用水量：取基准配合比的用水量，并根据制作混凝土强度试件时测得的坍落度值作适当调整。

（2）水泥用量：用上面得出的用水量与所相对应的水灰比来进行计算。

（3）砂石用量：取基准配合比的砂石用量。

4. 校正混凝土配合比

根据计算出的混凝土配合比和混凝土实测体积密度进行校正。混凝土拌合物实测体积密度与计算体积密度的比值即为校正系数δ。

当实测值与计算值之差小于2%时，试验计算定出的混凝土配合比即为混凝土的配合比。若两者的差值大于2%时，则应将试验计算定出的混凝土配合比中各组成材料用量均乘以校正系数δ即为最终确定的混凝土配合比。

二、混凝土的质量要求

1. 抗压强度

混凝土的抗压强度是一个重要的技术指标，根据《混凝土结构工程施工质量验收规范》(GB 50204—2002)及《混凝土强度检验评定标准》(GBJ 107—1987)的规定，混凝土强度等级应按混凝土立方体抗压强度标准值确定。混凝土立方体抗压强度标准值是指按照标准方法制作和养护的边长为150mm的立方体试件，在28d龄期用标准试验方法测得的具有95%及其以上的保证率的抗压强度。

由于混凝土是一种非均质材料，具有较大的不均匀性和强度的离散性，为了配制满足设计要求的混凝土强度等级，其配制强度应比设计强度增加一定的富余量。这一富余量的大小应根据原材料情况、生产质量水平、施工管理水平及经济性等一系列情况综合考虑。

2. 抗折强度

混凝土的抗折强度也是混凝土的一个重要技术指标。在道路混凝土工程项目中，常以混凝土28d的抗折强度作为控制指标。混凝土的抗折强度与抗压强度之间存在一定的相关性，通常情况下抗压强度增长的同时抗折强度也增长，但抗折强度增长速度较慢。

3. 坍落度

为满足施工的要求，混凝土应具有一定的和易性。若是泵送混凝土，还必须具有良好的可泵性，要求混凝土具有摩擦力小、不离析、不阻塞、黏聚适宜，能顺利泵送。

混凝土坍落度实测值规定的坍落度之差应符合表3-29的规定

混凝土坍落度允许偏差 **表3-29**

规定的坍落度(mm)	允许偏差(mm)	规定的坍落度(mm)	允许偏差(mm)
不大于40 50～90	±10 ±20	不小于100	±30

三、检验规则

(一) 一般规则

1. 预拌混凝土的检验分为出厂检验和交货检验。出厂检验的取样试验工作应由供方承担，交货检验的取样工作应由需方承担，当需方不具备试验条件时，供需双方可协商确定承担单位，其中包括委托供需双方认可的有资质的检测单位，并在合同中予以明确。

2. 当判断混凝土质量是否符合要求时，强度、坍落度及含气量应以交货检验结果为依据；氯离子含量以供方提供的资料为依据；其他检验项目应按合同执行。

3. 交货检验的试验结果应在试验结束15天内通知供方。

4. 进行预拌混凝土取样及试验人员必须具有相应的资格。

(二) 检验项目

1. 常规应检验混凝土的强度和坍落度。

2. 如有特殊要求除检验混凝土的强度和坍落度外，还应按合同规定检验其他项目。

3. 掺有引气型外加剂的混凝土应检验其含气量。

(三) 取样与组批

1. 用于出厂检验的混凝土试样应在混凝土搅拌地点采取，用于交货检验的混凝土应在交货地点采取。

2. 交货检验的混凝土试样的采取及坍落度试验应在混凝土运到交货地点时开始算起，20min内完成，试样制作应在40min内完成。

3. 交货检验的混凝土的试样应随机从同一运输车中抽取，混凝土试样应在卸料过程中在卸料量的1/4～1/3之间采取。

4. 每个试样量应满足混凝土质量检验项目所需的1.5倍，且不少于0.02m^3。

5. 混凝土强度检验的试样，其取样频率应按下列规定执行：

(1) 用于出厂检验的混凝土试样，每100盘相同配合比的混凝土取样不得少于1次；每个生产班组生产的相同配合比的混凝土不足100盘时，取样不得少于1次。

(2) 用于交货检验的混凝土试样按以下规定进行：

1）每拌制 100 盘且不超过 100m³ 的同配合比的混凝土取样不得少于 1 次。

2）每生产班组拌制的同一配合比的混凝土不足 100 盘时，取样不得少于 1 次。

3）当连续浇筑超过 1000m³ 时，同一配合比的混凝土每 200m³ 取样不得少于 1 次。

4）每一楼层、同一配合比的混凝土，取样不得少于 1 次。

6. 混凝土拌合物坍落度检验试样的取样频率应与混凝土强度检验的取样频率一致。

7. 对有抗渗要求的混凝土进行抗渗检验的试样，用于出厂检验和交货检验的取样频率均为同一工程、同一配合比的混凝土不得少于 1 次。留置组数可根据实际需要确定。

8. 对有抗冻要求的混凝土进行抗冻检验的试样，用于出厂检验和交货检验的取样频率均为同一工程、同一配合比的混凝土不得少于 1 次。留置组数可根据实际需要确定。

第四节 建 筑 砂 浆

建筑砂浆是由胶凝材料、细骨料、外掺料和水配制而成的，在建筑工程中起粘结、衬垫和传递荷载的作用。

一、砂浆的分类

按胶凝材料分为：水泥砂浆、石灰砂浆和混合砂浆等。

按用途分为：砌筑砂浆、抹灰砂浆和防水砂浆。

按生产工艺分为：传统砂浆、预拌砂浆和干粉砂浆。

预拌砂浆是指由水泥、砂、保水增稠材料、水、粉煤灰或其他矿物掺合料和外加剂等按一定比例，在集中搅拌并经计量拌制后，用搅拌运输车运到使用地点，放入密封容器储存，并在规定时间内使用完毕的砂浆拌合物。

干粉砂浆又称砂浆干粉料，是指由专业生产厂家生产的，经干燥筛分处理的细骨料与无机胶凝材料、保水增稠材料、矿物掺合料和添加剂按一定比例混合而成的一种颗粒状或粉状混合物，农牧区既可以由专用车运至施工现场加水拌合使用，也可采用包装形式运至施工现场拆包加水拌合使用。其技术要求见表 3-30。

预拌砂浆和干粉砂浆的技术要求　　表 3-30

种类		强度等级	稠度(mm)	凝结时间(h)
预拌砂浆	砌筑砂浆	M5.0、M7.5、M10、M15、M20、M25、M30	50、70、90、100	8、12、24
	抹灰砂浆	M5.0、M7.5、M10、M15、M20	70、90、110	8、12、24
	地面砂浆	M15、M20、M25	30、50	4、8
普通干粉砂浆	砌筑砂浆	M5.0、M7.5、M10、M15、M20、M25、M30	≤90	≤8
	抹灰砂浆	M5.0、M7.5、M10、M15、M20	≤110	≤8
	地面砂浆	M15、M20、M25	≤50	≤8

砌筑砂浆的强度等级有：M5.0、M7.5、M10、M15、M20共5个等级。

二、质量指标

(一) 预拌砂浆的质量要求

预拌砂浆的质量要求见表3-31、表3-32。

预拌砂浆的性能　　表3-31

种类		稠度(mm)	分层度(mm)	凝结时间(h)	28d抗压强度(MPa)
砌筑砂浆	M5.0 M7.5 M10 M15 M20 M25 M30	50～100	≤25	8、12、24	5.0 7.5 10.0 15.0 20.0 25.0 30.0
抹灰砂浆	M5.0 M7.5 M10 M15 M20	70～110	≤20	8、12、24	5.0 7.5 10.0 15.0 20.0
地面砂浆	M15 M20 M25	30～50	≤20	4、8	15.0 20.0 25.0

稠度允许偏差　　表3-32

规定的稠度(mm)	允许偏差(mm)	规定的稠度(mm)	允许偏差(mm)
30～49	+5、-10	70～100	±15
50～69	±10	110	+5、-10

(二) 干粉砂浆的质量要求

干粉砂浆的质量要求见表3-33。

干粉砂浆的性能　　表3-33

种类		稠度(mm)	分层度(mm)	28d抗压强度(MPa)
砌筑砂浆	M5.0 M7.5 M10 M15 M20 M25 M30	≤90	5.0 7.5 10.0 15.0 20.0 25.0 30.0	5.0 7.5 10.0 15.0 20.0 25.0 30.0
抹灰砂浆	M5.0 M7.5 M10 M15 M20	≤100	5.0 7.5 10.0 15.0 20.0	5.0 7.5 10.0 15.0 20.0

续表

种类		稠度(mm)	分层度(mm)	28d抗压强度(MPa)
地面砂浆	M15 M20 M25	≤50	15.0 20.0 25.0	15.0 20.0 25.0

三、质量检验与储运

(一) 预拌砂浆

1. 供需双方应在合同规定的交货地点交接预拌砂浆，并应在交货地点对预拌砂浆质量进行检验。交货检验的取样工作应由需方承担，当需方不具备试验条件时，供需双方可协商确定承担单位，其中包括委托供需双方认可的有资质的检测单位，并在合同中予以明确。

2. 当判定预拌砂浆质量是否符合要求时，强度、稠度以交货检验结果为依据；分层度、凝结时间以出厂检验结果为依据；其他检验项目应按合同规定执行。

3. 取样与组批

(1) 用于交货检验的砂浆试样应在交货地点采取，用于出厂检验的砂浆试样应在搅拌地点采取。

(2) 交货检验的砂浆试样应在砂浆运送到交货地点后按《建筑砂浆基本性能试验方法标准》(JGJ/T 70—2009)的规定在20min内完成，稠度试验和强度试件的制作应在30min内完成。

(3) 交货检验的砂浆试样应随机从同一运输车中抽取，砂浆试样应在卸料过程中卸料量的1/4～1/3之间采取。

(4) 每个试样量应满足砂浆质量检验项目所需的1.5倍，且不少于0.01m^3。

(5) 砂浆强度检验的试样，其取样频率应按以下规定进行：

1) 用于出厂检验的试样，每50m^3相同配合比的砌筑砂浆，取样不得少于1次，每一生产班组生产的同配合比的砂浆不足50m^3时，取样不得少于1次。

2) 预拌砂浆必须提供质量证明书。用于交货检验的试样，砌筑砂浆应按《砌体工程施工质量验收规范》(GB 50203—2002)的规定执行。

(二) 干粉砂浆

干粉砂浆必须提供质量证明书。干粉砂浆包装袋上应标明产品名称、代号、强度等级、生产厂名和地址、净含量、加水量范围、保质期、包装时间、编号、执行标准号；若采用小包装应附产品使用说明书。

散装干粉砂浆采用罐装车将干粉砂浆运到施工现场，并提交与袋装标志相同内容的卡片。

交货检验以抽取实物试样的检验结果为验收依据，双方应在发货前和交货地共同取样和签封。每一编号的取样应随机进行，普通干粉砂浆至少8kg，特种干粉砂浆至少10kg。试样分为两份，一份由商家(厂家)保存40d，一份由施工单位按规定的项目和方法进行检验。

普通干粉砂浆的检验项目有：强度、分层度、凝结时间。特种干粉砂浆应根据不同品种进行相应的项目检验。

（三）储存和运输

1. 预拌砂浆

(1) 砂浆运至储存地点后除直接使用外，必须储存在不吸水的密封容器内。夏季应采取遮阳措施，冬季应采取保温措施。砂浆装卸时应有防雨措施。

(2) 储存容器应有利于储运、清洗和砂浆装卸。

(3) 储存地点的气温，最高不宜超过37℃，最低不宜低于0℃。

(4) 储存容器标识应明确，应确保先存先用，严禁使用超过凝结时间的砂浆，禁止不同品种的砂浆混存混用。

(5) 砂浆必须在规定时间内使用完毕。

(6) 用料完毕后储存容器应立即清洗，以备再次使用。

2. 干粉砂浆

袋装干粉砂浆的保质期为3个月。散装干粉砂浆必须在专用封闭式筒仓内储存，筒仓应有防雨措施，储存期不得超过3个月。不同品种和强度等级的砂浆应分别储存，不得混杂。

第五节　建　筑　钢　材

建筑工程所用的钢筋、钢丝、型钢等，通称为建筑钢材。建筑钢材作为建设工程的主要材料，它广泛用于房屋建筑、道路桥梁、国防等工程中。

一、建筑钢材的分类

建筑钢材按化学成分可分为碳素结构钢和合金钢。碳素结构钢按其含碳量又分为低碳钢、中碳钢和高碳钢。建筑工程中使用最多的是低碳钢(即含碳量小于0.25%的钢)。合金钢按合金元素的总量分为低合金钢、中合金钢和高合金钢。建筑工程中使用最多的是低合金高强度结构钢(即合金元素总量小于5%的钢)。

（一）碳素结构钢

碳素结构的化学成分主要是铁，其次是碳，其含碳量在0.02%～2.06%之间。

1. 牌号

碳素结构钢以屈服强度将其划分为五个牌号，即Q195、Q215、Q235、Q255、Q275，各牌号钢又按其硫磷含量由多到少分为A、B、C、D四个质量等级，碳素结构钢的牌号表示是按顺序由代表屈服点的字母Q、屈服点数值(MPa)、质量等级符号(A、B、C、D)、脱氧程度符号(F、b、Z、ZT)四部分组成。其中脱氧符号“F”表示沸腾钢、“b”表示半镇静钢、“Z”表示镇静钢、“ZT”表示特殊镇静钢。当为镇静钢或特殊镇静钢时，“Z”与“ZT”允许省略。例如：Q235-A.F，它表示：屈服点为235MPa的A级沸腾结构钢。

2. 力学性能

常用碳素结构钢要求具有良好的力学性能和优良的焊接性能，其力学性能应符合表3-34的规定。

碳素结构钢的力学性能 表3-34

牌号	等级	拉伸试验												
		钢材厚度(直径)(mm)						抗拉强度 σ_b(MPa)	钢材厚度(直径)(mm)					
		≤16	>16~40	>40~60	>60~100	>100~150	>150		≤16	>16~40	>40~60	>60~100	>100~150	>150
		屈服点 σ_s 不小于(MPa)							伸长率 δ_s(%)不小于					
Q215	A B	215	205	190	185	175	165	335~450	31	30	29	28	27	26
Q235	A B C D	235	225	215	205	195	185	375~500	26	25	24	23	22	21

由表3-34可见，随着钢材牌号的增大，对钢材的强度要求就越大，对伸长率的要求则降低。

3. 冷弯性能

常用碳素结构钢冷弯试验的弯心直径应符合表3-35的规定。

碳素结构钢的冷弯性能 表3-35

牌号	试样方向	冷弯180°		
		钢材厚度(直径)(mm)		
		≤60	>60~100	>100~200
		弯心直径 d		
Q215	纵 横	$0.5a$ a	$1.5a$ $2a$	$2a$ $2.5a$
Q235	纵 横	a $1.5a$	$2a$ $2.5a$	$2.5a$ $3a$

注：a 为试件厚度。

（二）低合金高强度结构钢

低合金高强度结构钢具有强度高、塑性好、低温冲击韧性好、耐锈蚀等特点。

1. 牌号

低合金高强度结构钢的牌号由代表钢材屈服强度字母Q、屈服点数值(MPa)、质量等级符号(A、B、C、D、E)三个部分按顺序组成。例如：Q295A表示屈服强度不小于295MPa的质量等级为A级的低合金高强度结构钢。用低合金高强度结构钢代替碳素结构钢Q235可节约钢材15%~25%，并减轻了结构的自重。

2. 力学性能

常用低合金高强度结构钢要求具有良好的力学性能，其力学性能应符合表3-36规定。

低合金高强度结构钢的拉伸性能 表 3-36

牌号	质量等级	厚度(直径，边长)(mm)				抗拉强度 σ_b(MPa)	伸长率 δ_s(%) 不小于
		≤16	>16～35	>35～50	>50～100		
		屈服点 σ_s 不小于(MPa)					
Q295	A B	295	275	255	235	390～570	23
Q345	A B C D E	345	325	295	275	470～630	21 21 22 22 22
Q395	A B C D E	390	370	350	330	490～650	19 19 20 20 20

3. 冷弯性能

常用低合金高强度结构钢冷弯试验的弯心直径应符合表 3-37 的规定。

低合金高强度结构钢冷弯性能 表 3-37

牌号	质量等级	冷弯 180° 钢材厚度或直径(mm)	
		≤16	>16～100
Q295	A B	$d=2a$	$d=3a$
Q345	A B C D E	$d=2a$	$d=3a$
Q390	A B C D E	$d=2a$	$d=3a$

注：d 为弯心直径；a 为试件厚度。

二、钢材的力学性能和冷弯性能

常规的建筑钢材质量检验中，一般都要进行力学性能和冷弯性能检验。即钢材的拉伸检验和弯曲检验。拉伸作用是建筑钢材的主要受力形式，由钢材的拉伸性能试验可测得钢材的屈服点、抗拉强度和伸长率，它们是钢材的三个重要力学性能指标。冷弯性能是指建筑钢材在常温下易于加工而不被破坏的能力，它是建筑钢材的重要工艺性能，其实质反映了钢材内部组织状态、含有内应力及杂质等缺陷的程度。

1. 屈服点(屈服强度)σ_s

发生屈服现象的应力，即开始出现塑性变形时的应力，称为屈服点或屈服强度，用 σ_s 表示，单位为 MPa。计算公式为：

$$\sigma_s=\frac{F_s}{S_0}$$

式中 F_s——材料屈服时的荷载(N)；

S_0——试样原横截面面积(mm^2)。

2. 抗拉强度 σ_b

指材料被拉断之前，所能承受的最大应力，用 σ_b 表示，单位为 MPa。计算公式为：

$$\sigma_b=\frac{F_b}{S_0}$$

式中 F_b——试样拉断前所承受的最大荷载(N)；

S_0——试样原横截面面积(mm^2)。

屈服强度和抗拉强度是钢材检验中的重要性能指标。建设工程中所用的建筑钢材对屈强比还有一定的要求。所谓屈强比是指钢材屈服强度 σ_s 和抗拉强度 σ_b 的比值。屈强比越小，钢材越不易发生突然断裂，但屈强比太低，钢材的强度就不能充分发挥。因此，对有抗震设防要求的结构，其纵向受力钢筋的强度应满足设计要求；当设计无具体要求时，对一、二级抗震等级，检验所得的强度实测值应符合以下规定：

(1) 钢筋的抗拉强度实测值与屈服强度实测值的比值不应小于 1.25。

(2) 钢筋的屈服强度实测值与屈服强度标准值的比值不应小于 1.3。

例：有一批公称直径为 20mm 牌号为 HRB335 的钢筋混凝土用热轧带肋钢筋，复检结果为：$\sigma_s=470$MPa；$\sigma_b=630$MPa；伸长率 $\delta_s=16\%$，冷弯合格。试判断该钢筋能否用于有抗震要求的纵向受力结构中。

从表面上看复检结果均符合 HRB335 热轧带肋钢筋标准的要求。

按 $\sigma_{b实测}/\sigma_{s实测}=630/470=1.34>1.25$，合格；

按 $\sigma_{s实测}/\sigma_{s标准}=470/335=1.40>1.3$，合格。

因此该批钢筋可用于有抗震要求的纵向受力结构中。

3. 伸长率 δ_s

金属材料在拉伸时，试件被拉断后，其标距部分所增加的长度与原标距长度的百分比，称为伸长率。用 δ_s 表示，单位为%，计算公式为：

$$\delta_s=\frac{L_1-L_0}{L_0}\times100\%$$

式中 L_0——试样原标距长度；

L_1——拉断后试样标距范围内的长度。

标距长度对伸长率影响很大，所以伸长率必须注明标距。标准试件的标距长度 $L_0=10d_0$，d_0 为试件的直径，当标距长度为 $10d_0$ 时，其伸长率叫做 δ_{10}，当标距长度为 $5d_0$ 时，其伸长率叫做 δ_5。

4. 冷弯性能

冷弯性能的测定，是将钢材试件在规定的弯心直径上弯曲至 180°或 90°，在弯曲处的外表和侧面，无肉眼可见裂纹，即认为试件冷弯性能合格。出现裂纹前能承受的弯曲程度越大，则表明钢材的冷弯性能越好。弯曲程度一般用弯曲角度或弯心直径 d 对钢筋直径 a 的比值来表示，弯曲角度越大或弯心直径 d 对钢筋直径 a 的比值越小，则钢材的冷弯性能就越好。工程中常采用这种方法来检验建筑钢材的各种焊接接头的焊接质量。

建筑钢材在加工过程中，如发现脆断、焊接性能不良或力学性能显著不正常等现象，应根据现行国家标准对该批钢材进行化学成分检验或其他专项检验。

三、常用建筑钢材

（一）钢筋

钢筋是由轧钢厂将炼钢厂生产的钢锭经专用设备和工艺制成的条状材料。在钢筋混凝土和预应力混凝土中，钢筋属于隐蔽材料，其品质优劣对工程质量影响很大。钢筋抗拉能力强，在混凝土中加入钢筋，使钢筋和混凝土粘结成一整体，形成钢筋混凝土构件，就能弥补混凝土的不足。

我国的钢筋用量非常大，虽然国家已采取了很多管理措施，但对钢筋的制劣、售劣、用劣的行为并未得到根本性的解决。全国目前仍有数百家无生产许可证而生产带肋钢筋的小企业，其中有一些企业还在用“地条钢”坯轧制带肋钢筋，每年有上百万吨不合格钢筋流入市场，假冒伪劣钢筋会给建筑工程的质量带来重大的安全隐患，而且劣质钢筋不讲工艺、质量，低价抛售后，还严重影响正常的市场经营秩序，给国家钢铁总量控制、调整产品结构、促进产品质量的提高带来严重的冲击。所以从事建筑施工管理的人员均应加强防范，防止假冒伪劣的不合格钢筋进入建筑施工现场。

1. 钢筋牌号

钢筋的牌号不仅表明钢筋的品种，而且还可以大致判断其质量。

按钢筋的牌号分类，钢筋主要可分为：HPB235、HRB335、HRB400、HRB500、CRB550 等。

牌号中的 HPB 分别为热轧、光圆、钢筋三个词的英文第一个字母，后面的数值表示钢筋屈服强度的最小值；

牌号中的 HRB 分别为热轧、带肋、钢筋三个词的英文第一个字母，后面的数值表示钢筋屈服强度的最小值；

牌号中的 CRB 分别为冷轧、带肋、钢筋三个词的英文第一个字母，后面的数值表示钢筋抗拉强度的最小值。

2. 工程中常用的钢筋

工程中常用的钢筋品种有：钢筋混凝土用热轧钢筋（光圆、带肋）、低碳钢热轧圆盘条、冷轧带肋钢筋、余热处理钢筋等。建筑工程所用的钢筋必须与设计相符，并能满足产品标准要求。

（1）钢筋混凝土用热轧光圆钢筋

热轧光圆钢筋是经热轧成型并自然冷却而成的横截面为圆形，且表面光滑的钢筋混凝土配筋用钢材，其钢种为碳素结构钢，钢筋牌号为 HPB235。该钢筋适用于作为非预应力钢筋、箍筋、构造钢筋、吊钩等。热轧光圆钢筋的直径范围为 8～20mm。

(2) 钢筋混凝土用热轧带肋钢筋

钢筋混凝土用热轧带肋钢筋是用低合金高强度结构钢轧制而成的条形钢筋，通常有 2 道纵肋和沿长度方向均匀分布的横肋，按肋纹的形状又分为月牙肋和等高肋。由于表面肋的作用，与混凝土之间的粘结力很强，因而能更好地承受外力作用，适用于作为非预应力钢筋、构造筋。热轧带肋钢筋的直径范围为 6～50mm。

(3) 低碳钢热轧圆盘条

热轧盘条是热轧型钢中截面尺寸中最小的一种，大多通过卷线机卷成盘卷供应，故称盘条或盘圆。低碳钢热轧圆盘条由屈服强度较低的成套素结构钢轧制，是目前用量最大、使用最广的线材，适用于非预应力钢筋、箍筋、构造筋、吊钩等。热轧圆盘条又是冷拔低碳钢丝的主要原材料。热轧盘条的直径范围为 5.5～14.0mm。

(4) 冷轧带肋钢筋

冷轧带肋钢筋是以碳素结构钢或低合金热轧圆盘条为母材，经冷轧或冷拔减小直径后在其表面冷轧成三面或二面有肋的钢筋，提高了钢筋与混凝土之间的粘结力。适用于作为小型预制构件的预应力钢筋、箍筋、构造筋、网片等。与热轧的相比较，冷轧带肋钢筋的强度提高了 17%左右。冷轧带肋钢筋的直径范围为 4～12mm。

(5) 余热处理钢筋

钢筋混凝土用余热处理钢筋是用低合金高强度结构钢经热轧后立即穿水，进行表面控制冷却，然后利用芯部余热自身完成回火处理而得到的钢筋。余热钢筋的性能均匀，晶粒细小，在保证良好塑性、焊接性能的条件下，屈服点提高 10%左右，用做钢筋混凝土结构的非预应力钢筋、箍筋、构造筋，可节约材料并提高构件的安全可靠性。余热处理月牙钢筋的级别为Ⅲ级，强度等级代号为 KL400（其中“K”表示“控制”）。余热处理钢筋的直径范围为 8～40mm。

(二) 型钢

建筑工程中的主要承重结构，常使用各种规格的型钢，来组成各种形式的钢结构。钢结构常用的型钢有圆钢、方钢、扁钢、工字钢、槽钢、角钢等。型钢由于截面形式合理，材料在截面上的分布对受力有利，且构件间的连接方便。所以，型钢是钢结构中采用的主要钢材。钢结构用钢的钢种和牌号，主要根据结构的重要性、荷载特征、结构形式、应力状态、连接方法、钢材厚度和工作环境等因素进行选择。对于承受动荷载或振动荷载的结构、处于低温环境的结构，应选择韧性好，脆性临界温度低的钢材。对于焊接结构应选择焊接性能好的钢材。我国钢结构用热轧型钢主要采用的是碳素结构钢和低合金高强度结构钢。

常用型钢品种及相关质量要求：

1. 热轧扁钢

热轧扁钢是截面为矩形并稍带钝边的长条钢材，主要由碳素结构钢或低合金高强度结构钢制成。其规格以厚度×宽度的毫米数表示。如“4×25”，即表示厚度为4mm，宽度为25mm的扁钢。在建筑工程中多用于一般结构构件，如连接板、栅栏、楼梯扶手等。

扁钢的截面为矩形，其厚度为3～60mm，宽度为10～150mm。

扁钢的截面尺寸、允许偏差应符合表3-38规定。

扁钢尺寸允许偏差(mm)　　**表 3-38**

宽度			厚度		
尺寸	允许偏差		尺寸	允许偏差	
	普通级	较高级		普通级	较高级
10～50	+0.5 −1.0	+0.3 −0.9	3～16	+0.3 −0.5	+0.2 −0.4
>50～75	+0.6 −1.3	+0.4 −1.2			
>75～100	+0.9 −1.8	+0.7 −1.7	16～60	+1.5% −3.0%	+1.0% −2.5%
>100～150	+1.0% −2.0%	+0.8% −1.8%			

2. 热轧工字钢

热轧工字钢也称钢梁，是截面为工字形的长条钢材，主要由碳素结构钢轧制而成。其规格以腰高(h)×腿宽(b)×腰厚(d)的毫米数表示，如“工160×88×6”，即表示腰高为160mm，腿宽为88mm，腰厚为6mm的工字钢。工字钢的规格也可用型号表示，型号表示腰高的厘米数，如工16号。腰高相同的工字钢，如有几种不同的腿宽和腰厚，需在型号右边加a或b或c以区别，如32a、32b、32c等。热轧工字钢的规格范围为10～63号。工字钢广泛用于各种建筑钢结构和桥梁，主要用在承受横向弯曲的杆件。

热轧工字钢的高度h、腿宽度b、腰厚度d尺寸允许偏差应符合表3-39的规定。

热轧工字钢尺寸允许偏差　　**表 3-39**

型号	允许偏差(mm)		
	高度h	腿宽度b	腰厚度d
≤14	±2.0	±2.0	±0.5
>14～18		±2.5	
>18～30	±3.0	±3.0	±0.7
>30～40		±3.5	±0.8
>40～63	±4.0	±4.0	±0.9

3. 热轧槽钢

热轧槽钢是截面为凹槽形的长条钢材，主要由碳素结构钢轧制而成。其规格表示方法同工字钢。如 120×53×5，表示腰高为 120mm，腿宽为 53mm，腰厚为 5mm 的槽钢，或称 12 号槽钢。腰高相同的槽钢，如有几种不同的腿宽和腰厚，也需在型号右边加 *a* 或 *b* 或 *c* 以区别，如 25*a*、25*b*、25*c* 等。热轧槽钢的规格范围为 5～40 号。

槽钢主要用于建筑钢结构，30 号以上可用于桥梁结构作受力杆件，也可作工业厂房的梁、柱等构件。槽钢常与工字钢配合使用。

热轧槽钢的高度 *h*、腿宽度 *b*、腰厚度 *d* 尺寸允许偏差应符合表 3-40 的规定。

热轧槽钢尺寸允许偏差 **表 3-40**

型号	允许偏差(mm)		
	高度 *h*	腿宽度 *b*	腰厚度 *d*
5～8	±1.5	±1.5	±0.4
＞8～14	±2.5	±2.0	±0.5
＞14～18		±2.5	±0.6
＞18～30	±3.0	±3.0	±0.7
＞30～40		±3.5	±0.8

4. 热轧等边角钢

热轧等边角钢是两边相互垂直的长条钢，主要由碳素结构钢轧制而成。其规格以边宽×边宽×边厚的毫米数表示。如 30×30×3，即表示边宽为 30mm，边厚为 3mm 的等边角钢。也可用型号表示，型号是边宽的厘米数，如 3 号。型号不表示同一型号中不同边厚的尺寸，因而需将角钢的边宽、边厚尺寸填写齐全，避免单独用型号表示。热轧等边角钢的规格为 2～20 号。

热轧等边角钢可按结构的不同需要组成各种不同的受力构件，也可作构件之间的连接件。广泛用于各种建筑结构。

等边角钢的边宽 *b*、边厚 *d* 尺寸允许偏差应符合表 3-41 的规定。

等边角钢尺寸允许偏差 **表 3-41**

型号	允许偏差(mm)	
	边宽度 *b*	边厚度 *d*
2～5.6	±0.8	±0.4
6.3～9	±1.2	±0.6
10～14	±1.8	±0.7
16～20	±2.5	±1.0

四、建筑钢材的验收和储运

(一) 建筑钢材验收的基本要求

建筑钢材从钢厂到施工现场经过了许多环节，建筑钢材的检验验收是质量管理中必不可少的环节。建筑钢材必须按批进行验收，并达到其基本要求。

1. 订货和发货资料应与实物一致

检查发货码单和质量证明书内容是否与建筑钢材标牌标志上内容相符。对于钢筋混凝土用热轧带肋钢筋、冷轧带肋钢筋和预应力混凝土用钢丝、钢棒、钢绞线必须检查其是否有《全国工业产品生产许可证》，该证由国家质量监督检验检疫总局颁发，证书上带有国徽，有效期不超过5年。对符合生产许可证申报条件的企业，由各省市的工业产品生产许可证办公室先发放《行政许可受理决定书》，并自受理企业申请之日起60日内，作出是否准予许可的决定。为了打假治劣，保证重点建筑钢材的质量，国家将热轧带肋钢筋、冷轧带肋钢筋和预应力混凝土用钢丝、钢棒、钢绞线划为重要工业产品，实行了生产许可证管理制度。其他类型的建筑钢材国家目前尚未发放《全国工业产品生产许可证》。

(1) 热轧带肋钢筋生产许可证编号

例：XK05-205-×××××

XK——代表许可；

05——冶金行业编号；

205——热轧带肋钢筋产品编号；

×××××——某一特定企业生产许可证编号。

(2) 冷轧带肋钢筋生产许可证编号

例：XK05-322-×××××

XK——代表许可；

05——冶金行业编号；

322——冷轧带肋钢筋产品编号；

×××××——某一特定企业生产许可证编号。

(3) 预应力混凝土用钢材(钢丝、钢棒、钢绞线)生产许可证编号

例：XK05-114-×××××；

XK——代表许可；

05——冶金行业编号；

114——预应力混凝土用钢材(钢丝、钢棒、钢绞线)产品编号；

×××××——某一特定企业生产许可证编号。

为防止施工现场带肋钢筋等产品《全国工业产品生产许可证》和产品质量证明书的造假。各单位可通过国家质量监督检验检疫总局网站(www.aqsiq.gov.cn)进行带肋钢筋等产品生产许可证获证企业的查询。

2. 检查包装

除大型型钢外，不论是钢筋或是型钢，都必须成捆交货，每捆必须用钢带、盘条或钢丝均匀捆扎结实，端面要求平齐，不得有异类钢材混装现象。

每一捆扎件上一般都拴有两个标牌，上面注明生产企业名称或厂标、牌号、规格、炉罐号、生产日期、带肋钢筋生产许可证标志和编号等内容。按照《钢筋混凝土用热轧带肋钢筋》国家标准规定，带肋钢筋生产企业都应在自己生产的热轧带肋钢筋表面轧上明显的牌号标志，并依次轧上厂名(或商标)和直径(mm)数字。钢筋牌号以阿拉伯数字表示，HRB335、HRB400、HRB500对应的阿拉伯数字分别为2、

3、4。厂名以汉语拼音第一个字母表示。直径(mm)数以阿拉伯数字表示。

例如：2××16 表示牌号为 HRB335 由“某钢铁公司”生产的直径为 16mm 的热轧带肋钢筋。2××16 中，××为钢厂厂名中特征汉字的汉语拼音字头。

直径不大于 10mm 的钢筋，可不轧制标志，可采用挂牌方法。

施工单位应加强施工现场热轧带肋钢筋生产许可证、产品质量证明书、产品表面标志和产品标牌一致性检查。对热轧带肋钢筋复检时，必须截取带有产品表面标志的试件送检(例如 2CD16)，并在委托检验单上如实填写生产企业名称、产品表面标志等内容，检验机构应对产品表面标志及送检单位出示的生产许可证复印件和质量证明书进行复核。不合格热轧带肋钢筋加倍复检所抽检的产品，其表面标志必须与企业先前送检的产品一致。

3. 对建筑钢材质量证明书内容进行审核

质量证明书必须字迹清楚，证明书中应注明：供方名称或厂标；需方名称；发货日期；合同号；标准号及水平等级；牌号；炉罐(批)号；交货状态；加工用途；重量；支数或件数；品种名称；规格尺寸(型号)和级别；标准中所规定的各项试验结果(包括参考性指标)；技术监督部门印记等。

钢筋混凝土用热轧带肋钢筋的产品质量证明书上应印有生产许可证编号和该企事业产品表面标志；冷轧带肋钢筋的产品质量证明书上应印有生产许可证编号。质量证明书应加盖生产单位公章或质检部门检验专用章。若建筑钢材是通过中间供应商购买的，则质量证明书复印件上应注明购买时间、供应数量、买受人名称、质量证明书原件存放单位，在建筑钢材质量证明书复印件上必须加盖中间供应商的红色印章，并有送交人的签名。

(二) 实物质量的验收

建筑钢材的实物质量主要是看所检测的钢材是否满足规范及相关标准要求；现场所检测的建筑钢材尺寸偏差是否符合产品标准规定；外观缺陷是否在标准规定的范围内；对于建筑钢材的锈蚀现象各方也应引起足够的重视。

1. 钢筋混凝土用热轧带肋钢筋

钢筋混凝土用热轧带肋钢筋的力学和冷弯性能应符合表 3-42 的规定。

热轧带肋钢筋力学和冷弯性能 **表 3-42**

牌号	表面状态	公称直径(mm)	屈服点 σ_s (MPa)不小于	抗拉强度 σ_b (MPa)不小于	伸长率 δ_s(%)不小于	冷弯 180°
HRB335	月牙肋	6～25 28～50	335	490	16	$d=3a$ $d=4a$
HRB400	月牙肋	6～25 28～5	400	570	14	$d=4a$ $d=5a$
HRB500	等高肋	6～25 28～5	500	630	12	$d=6a$ $d=7a$

注：d 为弯心直径；a 为钢筋直径。

热轧带肋钢筋的力学和冷弯性能检验应按批进行。每批由同牌号、同一炉罐号、同一规格的钢筋组成，每批重量不超过 60t。力学性能检验的项目有拉伸试验和冷弯试验两项，需要时还应进行反复弯曲试验。

(1) 拉伸试验：每批任取两根切取两件试样进行拉伸试验。拉伸试验包括屈服点、抗拉强度和伸长率。

(2) 冷弯试验：每批任取两根切取两件试样进行180°冷弯试验。冷弯试验时，受弯部位外表面不得产生裂纹。

(3) 反复弯曲：需要时，每批任取一件试样进行反复弯曲试验。

(4) 取样规格：拉伸试样应切取500～600mm；弯曲试样应切取200～250mm。

各项试验检验结果符合表3-42的规定时，则该批热轧带肋钢筋为合格。若有一项不合格，则从同一批中再任取双倍数量的试样进行该不合格项目的复检。若仍有一项不合格，则该批钢筋为不合格。

根据规定按批检查热轧带肋钢筋的外观质量。钢筋表面不得有裂纹、结疤和折叠。钢筋表面允许有凸块，但不得超过横肋的高度，钢筋表面上其他缺陷的深度和高度不得大于所在部位尺寸的允许偏差。

根据规定应按批检查热轧带肋钢筋的尺寸偏差。钢筋的内径尺寸及其允许偏差应符合表3-43的规定。精确至0.1mm。

热轧带肋钢筋内径尺寸及允许偏差(mm) **表3-43**

公称直径	6	8	10	12	14	16	18	20	22	25	28	32	36	40	50
内径尺寸	5.8	7.7	9.6	11.5	13.4	15.4	17.3	19.3	21.3	24.2	27.2	31.0	35.0	38.7	48.5
允许偏差	±0.3	±0.4						±0.5			±0.6			±0.7	±0.8

2. 钢筋混凝土用热轧光圆钢筋

钢筋混凝土用热轧光圆钢筋的力学和冷弯性能应符合表3-44的规定。

热轧光圆钢筋力学和冷弯性能 **表3-44**

牌号	表面状态	公称直径(mm)	屈服点σ_s(MPa)不小于	抗拉强度σ_b(MPa)不小于	伸长率δ_s(%)不小于	冷弯180°
HPB235	光圆	8～20	235	370	25	$d=a$

注：d为弯心直径，a为钢筋直径。

热轧光圆钢筋的力学和冷弯性能检验应按批进行。每批由同牌号、同一炉罐号、同一规格的钢筋组成，每批重量不超过60t。力学性能检验的项目有拉伸试验和冷弯试验两项。

(1) 拉伸试验：每批任取两根切取两件试样进行拉伸试验。拉伸试验包括屈服点、抗拉强度和伸长率。

(2) 冷弯试验：每批任取两根切取两件试样进行180°冷弯试验。做冷弯试验时，受弯部位外表面不得产生裂纹。

各项试验检验结果符合表3-44的规定时，则该批热轧光圆钢筋为合格。若有一项不合格，则从同一批中再任取双倍数量的试样进行该不合格项目的复检。若仍有一项不合格，则该批钢筋为不合格。

根据规定按批检查热轧光圆钢筋的外观质量。钢筋表面不得有裂纹、结疤和折叠。钢筋表面允许有凸块，其他缺陷的深度和高度不得大于所在部位尺寸的允许偏差。

根据规定应按批检查热轧光圆钢筋的尺寸偏差。热轧光圆钢筋的允许尺寸偏差不大于±0.4mm，不圆度不大于0.4mm。热轧光圆钢筋的弯曲度每米不大于4mm，总弯曲度不大于热轧光圆钢筋总长度的0.4%。测量精确到0.1mm。

3. 低碳钢热轧圆盘条

建筑用低碳钢热轧圆盘条的力学和冷弯性能应符合表3-45的规定。

建筑用低碳钢热轧圆盘条的力学和冷弯性能　　表3-45

牌号	屈服点 σ_s(MPa)不小于	抗拉强度 σ_b(MPa)不小于	伸长率 δ_s(%)不小于	冷弯180°
Q215	215	375	27	$d=0.5a$
Q235	235	410	23	$d=0.5a$

注：d 为弯心直径，a 为钢筋直径。

低碳钢热轧圆盘条的力学和冷弯性能检验应按批进行。每批由同牌号、同一炉罐号、同一规格的盘条组成，每批重量不超过60t。力学性能检验的项目有拉伸试验和冷弯试验两项。

(1) 拉伸试验：每批任取一件试样进行拉伸试验。拉伸试验包括屈服点、抗拉强度和伸长率。

(2) 冷弯试验：每批在不同盘上取两件试样进行180°冷弯试验。冷弯试验时，受弯部位外表面不得产生裂纹。

各项试验检验结果符合表3-45的规定时，则该批低碳钢热轧圆盘条为合格。若有一项不合格，则从同一批中再任取双倍数量的试样进行该不合格项目的复检。若仍有一项不合格，则该批低碳钢热轧圆盘条为不合格。

根据规定按批检查低碳钢热轧圆盘条的外观质量。盘条表面应光滑，不得有裂纹、起皮、结疤和折叠。盘条不得有夹杂和其他有害缺陷。

根据规定应逐盘检查低碳钢热轧圆盘条的尺寸偏差。低碳钢热轧圆盘条的直径允许偏差不大于±0.45mm，不圆度（同一截面上最大直径和最小直径之差）不大于0.45mm。测量精确到0.01mm。

4. 冷轧带肋钢筋

冷轧带肋钢筋的力学和冷弯性能应符合表3-46的规定。

冷轧带肋钢筋的力学和冷弯性能　　表3-46

牌号	抗拉强度 σ_b(MPa)不小于	伸长率 δ_s(%)不小于		弯曲试验180°	反复弯曲(次数)
		$\delta_{s11.3}$	δ_{s100mm}		
CRB550	550	8.0	—	$D=3d$	—
CRB650	650	—	4.0	—	3

续表

牌号	抗拉强度σ_b(MPa)不小于	伸长率δ_s(%)不小于		弯曲试验180°	反复弯曲(次数)
		$\delta_{s11.3}$	δ_{s100mm}		
CRB800	800	—	4.0	—	3
CRB970	970	—	4.0	—	3
CRB1170	1170	—	4.0	—	3

注：D为弯心直径，d为钢筋直径。

冷轧带肋钢筋的力学和冷弯性能检验应按批进行。每批由同牌号、同一规格和同一级别的冷轧带肋钢筋组成，每批重量不超过50t。力学性能检验的项目有拉伸试验和冷弯试验。

(1) 拉伸试验：每批任意切取500mm后切取一件试样进行拉伸试验。拉伸试验包括屈服点、抗拉强度和伸长率。

(2) 冷弯试验：每批任取两根切取两件试样进行180°冷弯试验。冷弯试验时，受弯部位外表面不得产生裂纹。

各项试验检验结果符合表3-46的规定时，则该批冷轧带肋钢筋为合格。若有一项不合格，则从同一批中再任取双倍数量的试样进行该不合格项目的复检。若仍有一项不合格，则该批冷轧带肋钢筋为不合格。

根据规定按批检查冷轧带肋钢筋的外观质量。冷轧带肋钢筋表面不得有裂纹、结疤、折叠油污及影响使用的缺陷，钢筋表面可有浮锈，但不得有锈皮及肉眼可见的麻坑等腐蚀现象。

根据规定应按批检查冷轧带肋钢筋的尺寸偏差。冷轧带肋钢筋尺寸、重量的允许偏差应符合标准规定。

5. 余热处理钢筋

余热处理钢筋的力学和冷弯性能应符合表3-47的规定。

余热处理钢筋的力学和冷弯性能　　表3-47

强度等级代号	表面状态	公称直径(mm)	屈服点σ_s(MPa)不小于	抗拉强度σ_b(MPa)不小于	伸长率δ_s(%)不小于	冷弯90°
KL400	月牙肋	8～25 28～40	440	600	14	$d=3a$ $d=4a$

注：d为弯心直径，a为钢筋直径。

余热处理钢筋的力学和冷弯性能检验应按批进行。每批由同牌号、同一炉罐号、同一规格的余热处理钢筋组成，每批重量不超过60t。力学性能检验的项目有拉伸试验和冷弯试验两项。

(1) 拉伸试验：每批任取两根切取两件试样进行拉伸试验。拉伸试验包括屈服点、抗拉强度和伸长率。

(2) 冷弯试验：每批任取两根切取两件试样进行90°冷弯试验。冷弯试验时，受弯部位外表面不得产生裂纹。

各项试验检验结果符合表3-47的规定时，则该批余热处理钢筋为合格。若有一项不合格，则从同一批中再任取双倍数量的试样进行该不合格项目的复检。若仍有一项不合格，则该批余热处理钢筋为不合格。

根据规定按批检查余热处理钢筋的外观质量。钢筋表面不得有裂纹、结疤和折叠。钢筋表面允许有凸块，但不得超过横肋的高度，钢筋表面上其他缺陷的深度和高度不得大于所在部位尺寸的允许偏差。

根据规定应按批检查余热处理钢筋的尺寸偏差。余热处理钢筋的内径尺寸及其允许偏差应符合表 3-48 的规定。精确至 0.1mm。

余热处理钢筋内径尺寸及允许偏差(mm)　　表 3-48

公称直径	8	10	12	14	16	18	20	22	25	28	32	36	40
内径尺寸	7.7	9.6	11.5	13.4	15.4	17.3	19.3	21.3	24.2	27.2	31.0	35.0	38.7
允许偏差	±0.4						±0.5			±0.6			±0.7

6. 常用型钢

型钢的规格尺寸及允许偏差应符合产品标准的要求。

检查数量：每一品种、同一规格的型钢抽查五处。

检验方法：用钢尺或游标卡尺测量。

若设计单位有要求，用于建设工程的型钢产品也应进行力学性能和冷弯性能的检验。

(三) 建筑钢材的运输、储存

建筑钢材由于质量大、长度长，运输前必须了解所运建筑钢材的长度和单捆重量，以便安排车辆和吊车。

建筑钢材应按不同的品种、规格分别堆放。在条件允许的条件下，建筑钢材应尽可能存放在库房或料棚内(特别是有精度要求的冷拉、冷拔等钢材)，若采用露天存放，料场应选择在地势较高而又平坦的地面，经平整、夯实、预设排水沟、安排好垛底后方可使用。为避免因潮湿环境而引起钢材表面锈蚀，雨雪季节建筑钢材要用防雨材料覆盖。

施工现场堆放的建筑钢材应注明“合格”、“不合格”、“在检”、“待检”等产品质量状态，注明钢材生产企业名称、品种规格、进场日期及数量等内容，并以醒目标识标明，施工现场应由专人负责建筑钢材的收货与发料。

第六节　砌　体　材　料

砌体材料是用来砌筑承重墙、非承重墙的材料。它是建筑工程材料的重要组成部分。

一、砌墙砖

(一) 砌墙砖的分类

凡是以黏土、工业废料或其他垃圾材料为主要原料，用不同工艺制成的在建筑工程中用于砌筑墙体的砖统称砌墙砖。砌墙砖是建筑工程的主要墙体材料，具有一定的抗压强度，外形多为直角六面体。

砌墙砖的种类很多，其分类方法主要有：

按生产方法分有：烧结砖、非烧结砖等。

按原材料来源分有：黏土砖、页岩砖、粉煤灰砖、混凝土砖、煤矸石砖、灰砂砖、煤渣砖等。

按孔洞率分有：普通砖(无孔洞率或孔洞率小于25%的砖)、多孔砖(孔洞率不小于25%的砖)、空心砖(孔洞率不小于40%砖)等。

在工程中常用两种或两种以上分类方法复合命名。如烧结空心砖、蒸压粉煤灰砖等。

(二) 砌墙砖的特点

1. 烧结普通砖

烧结普通砖是以黏土、页岩、煤矸石、粉煤灰等为主要原料，经入窑焙烧而制成的砖，其标准尺寸为240mm×115mm×53mm。4块砖长加上灰缝厚度(8～12mm，一般为10mm)；8块砖宽加上灰缝厚度；16块砖厚加上灰缝厚度为1mm，$1m^3$砖砌体需用砖512块。根据其抗压强度烧结普通砖分为：MU10、MU15、MU20、MU25、MU30共五个强度等级。强度、抗风化性能和放射性物质合格的砖，根据其尺寸偏差、外观质量、泛霜、石灰爆裂将其分为优等品(A)、一等品(B)、合格品(C)三个质量等级。烧结普通砖主要用来砌筑建筑物的内外墙，优等品可用于砌筑清水墙。衡量烧结普通砖质量的主要技术指标是抗压强度、尺寸偏差、外观质量、抗风化性能、泛霜、石灰爆裂等。中等泛霜的砖不能用于潮湿部位。

2. 烧结多孔砖

烧结多孔砖是以黏土、页岩、煤矸石、粉煤灰等为主要原料，经入窑焙烧而制成的砖，其规格有：190mm×190mm×90mm(M型)和240mm×115mm×90mm(P型)两种。其孔洞尺寸为：圆孔直径不大于22mm，非圆孔直径不大于15mm；手抓孔(30～40)mm×(75～85)mm。根据抗压强度烧结多孔砖分为：MU10、MU15、MU20、MU25、MU30共五个强度等级。强度、抗风化性能和放射性物质合格的砖，根据其尺寸偏差、外观质量、孔型及孔洞排数、泛霜、石灰爆裂将其分为：优等品(A)、一等品(B)、合格品(C)三个质量等级。与烧结普通砖相比，烧结多孔砖具有质量小、保温性能好、施工效率高、减少砂浆用量等优点。烧结多孔砖可用于砌筑六层及以下建筑物承重墙。衡量烧结多孔砖质量的主要技术指标是抗压强度、尺寸偏差、外观质量、抗风化性能、泛霜、石灰爆裂等。

3. 烧结空心砖

烧结空心砖是以黏土、页岩、煤矸石、粉煤灰等为主要原料，经入窑焙烧而制成的砖，其外形为直角六面体，孔洞尺寸大而数量少，孔洞方向平行于大面和条面，在与砂浆的结合面上设有增加结合力的深度为1mm以上的凹槽。烧结空心砖有两个规格：290mm×190mm×90mm和240mm×180(175)mm×115mm；其空心砖的壁厚应不小于10mm，肋厚应不小于7mm。烧结空心砖根据抗压强度分为：MU10.0、MU7.5、MU5.0、MU3.0、MU2.0共五个强度等级；按体积密度分为800级、900级、1100级三个密度等级。强度、密度、抗风化性能和放射性物质合格的砖，根据其尺寸偏差、外观质量、孔型及孔洞排数、泛霜、石灰爆裂将其分为：优等品(A)、一等品(B)、合格品(C)三个质量等级。烧结空心砖的强度较低，主要用于非承重墙和填充墙。

4. 蒸压灰砂砖

蒸压灰砂砖是以砂和石灰为主要原料，经配料压制成型、蒸压养护而成的砖。其外形为直角六面体，标准尺寸为240mm×115mm×53mm。根据抗压强度和抗折强度分为：MU10、MU15、MU20、MU25四个等级。按其尺寸偏差、外观质量、强度、抗冻性分为：优等品(A)、一等品(B)、合格品(C)三个质量等级。由于灰砂砖的收缩变形大，新生产的灰砂砖应放置一段时间再使用，该砖不得用于长期受热200℃以上、受急冷急热、有酸性介质侵蚀的部位。

二、建筑砌块

建筑砌块是建筑用人造块材，外形主要为直角六面体，主规格的长度、宽度或高度至少一项分别大于365mm、240mm和115mm，且高度不大于长度，或宽度的6倍，长度不超过高度的3倍。按照砌块主规格高度的大小，砌块可分为小型砌块、中型砌块、大型砌块。按砌块有无孔洞和空孔率的大小将其分为实心砌块(孔洞率小于25%)和空心砌块(孔洞率不小于25%)。

砌块具有节约能源、保护耕地，充分利用垃圾材料和工业废料，生产效率高，建筑综合功能好等优点，符合可持续发展的要求。砌块的尺寸较大，施工效率较高，现已成为增长速度最快、应用范围最广的墙体材料。

1. 普通混凝土小型空心砌块

普通混凝土小型空心砌块是以水泥、砂、石、水为主要原料，按一定比例经配料、搅拌、成型、养护制作而成的建筑砌块。有：MU3.5、MU5.0、MU7.5、MU10、MU15、MU20六个强度等级。产品具有强度高、质量轻、耐久性好、外形尺寸规整、保温隔热性能好等特点，应用范围十分广泛。

普通混凝土小型空心砌块的尺寸：390mm×190mm×190mm，其最小壁厚应不小于30mm，最小肋厚不小于25mm。空洞率不小于25%。产品按尺寸偏差可分为优等品(A)、一等品(B)和合格品(C)三个等级。

2. 轻骨料混凝土小型空心砌块

轻骨料混凝土小型空心砌块是以水泥、轻骨料、水为主要原料，按一定比例经配料、搅拌、成型、养护制作而成的轻质墙体材料。有：MU1.5、MU2.5、MU3.5、MU5.0、MU7.5、MU10共六个强度等级。轻骨料混凝土小型空心砌块具有轻质、高强、热工性能好、抗震性能好等特点，被广泛用于建筑的内外墙体，尤其是热工性能要求较高的围护结构上。

轻骨料混凝土小型空心砌块的主规格尺寸为390mm×190mm×190mm，轻骨料混凝土小型空心砌块按尺寸偏差分为一等品(B)和合格品(C)。

3. 粉煤灰小型空心砌块

粉煤灰小型空心砌块是以粉煤灰、水泥、各种集料、水按一定比例配制，经搅拌、成型、养护而制成的小型空心砌块。有：MU2.5、MU3.5、MU5.0、MU7.5、MU10、MU15共六个强度等级。具有轻质、高强、热工性能好、合理利用工业废料等特点。粉煤灰小型空心砌块的技术指标包括：尺寸偏差、外观质量、抗压强度、碳化系数等。

粉煤灰小型空心砌块按性能和用途可分为粉煤灰承重砌块、框架用填充砌块和粉煤灰保温砌块。

粉煤灰小型空心砌块的主规格尺寸为390mm×190mm×190mm。其最小壁厚不小于25mm，最小肋厚不小于20mm，空孔率不小于25%。按其尺寸偏差、外观质量、碳化系数分为优等品(A)、一等品(B)、合格品(C)三个质量等级。

4. 加气混凝土砌块

加气混凝土砌块是以水泥、石灰、砂、粉煤灰、矿渣、发气剂、气泡稳定剂和调节剂等为主要原料，经磨细、配料、搅拌、浇筑、发气膨胀、静停、切割、蒸压养护、成品加工等工序制成的多孔墙体材料。产品分为粉煤灰蒸压加气混凝土砌块和砂蒸压加气混凝土砌块两种。加气混凝土砌块有：A1.0、A2.0、A2.5、A3.5、A5.0、A7.5、A10.0共七个强度级别。

加气混凝土砌块主要用于框架结构的内外填充墙、隔墙，也可用于抗震圈梁构造多层建筑的外墙或保温隔热复合墙体。由于加气混凝土砌块收缩大，因此在建筑物±0.000以下、长期浸水、经常干湿交替的部位、受化学侵蚀的环境、砌体表面经常处于80℃以上的环境不能使用。

三、砌体材料的验收

(一) 验收的基本要求

砌体材料的验收是建设工程质量管理的重要环节。砌体材料必须按批进行验收并达到以下要求：

1. 送货单必须与实物一致

检查送货单上的生产企业名称、产品品种、规格、数量是否与实物一致。

2. 对砌体材料的质量保证书内容进行审核

质量保证书必须字迹清楚，其中应注明：质量保证书编号、生产单位名称、地址、联系电话、用户单位名称、产品名称、执行标准及编号、规格、等级、批号、生产日期、出厂日期、产品出厂检验指标(包括检验项目、标准指标值、实测值)。

砌体材料质量保证书应加盖生产单位公章或质检部门检验专用章。

(二) 实物质量验收

砌体材料的实物质量主要看送检的砌体材料是否满足规范及相关标准要求；施工现场所检测砌体材料尺寸偏差是否符合标准规定；外观质量是否符合标准要求。

1. 烧结普通砖

烧结普通砖的尺寸允许偏差应符合表3-49的要求。

烧结普通砖尺寸允许偏差(mm) **表3-49**

公称尺寸	优等品		一等品		合格品	
	样本平均偏差	样本极差≤	样本平均偏差	样本极差≤	样本平均偏差	样本极差≤
长度240	±2.0	6	±2.5	7	±3.0	8
宽度115	±1.5	5	±2.0	6	±2.5	7
厚度53	±1.5	4	±1.5	5	±2.0	6

注：样本极差是指抽检的20块砖中最大测定值与最小测定值之差；样品平均偏差是指抽检的20块砖样规格尺寸的算术平均值减去公称尺寸的差值。

每一生产厂家生产的烧结普通砖到施工现场后，必须进行强度等级复检。抽检数量按15万块砖为一验收批，每一验收批抽检一组。每组试样为15块。

2. 烧结多孔砖

烧结多孔砖的尺寸允许偏差应符合表3-50的规定。

烧结多孔砖尺寸允许偏差(mm)　　表3-50

公称尺寸	优等品		一等品		合格品	
	样本平均偏差	样本极差≤	样本平均偏差	样本极差≤	样本平均偏差	样本极差≤
长度240	±2.0	6	±2.5	7	±3.0	8
宽度115	±1.5	5	±2.0	6	±2.5	7
高度90	±1.5	4	±1.7	5	±2.0	6

每一生产厂家生产的烧结多孔砖到施工现场后，必须进行强度等级复检。抽检数量按5万块砖为一验收批，每一验收批抽检一组。每组试样为15块。

3. 烧结空心砖

烧结空心砖的尺寸允许偏差应符合表3-51的规定。

烧结空心砖尺寸允许偏差(mm)　　表3-51

尺寸	优等品		一等品		合格品	
	样本平均偏差	样本极差≤	样本平均偏差	样本极差≤	样本平均偏差	样本极差≤
>300	±2.5	6	±3.0	7	±3.5	8
>200～300	±2.0	5	±2.5	6	±3.0	7
100～200	±1.5	4	±2.0	5	±2.5	6
<100	±1.5	3	±1.7	4	±2.0	5

每一生产厂家生产的烧结空心砖到施工现场后，必须进行强度等级复检。抽检数量按5万块砖为一验收批，每一验收批抽检一组。每组试样为15块。

4. 蒸压灰砂砖

蒸压灰砂砖的尺寸允许偏差应符合表3-52的要求。

蒸压灰砂砖尺寸允许偏差(mm)　　表3-52

公称尺寸	优等品	一等品	合格品
长度240	±2.0	±2.0	±3.0
宽度115	±2.0	±2.0	±3.0
厚度53	±1.0	±2.0	±3.0

每一生产厂家生产的蒸压灰砂砖运到施工现场后，必须进行强度等级复检。抽检数量按10万块砖为一验收批，每一验收批抽检一组。每组试样为10块。

5. 粉煤灰砖

粉煤灰砖的尺寸允许偏差应符合表3-53的要求。

粉煤灰砖尺寸允许偏差(mm) **表 3-53**

公称尺寸	优等品	一等品	合格品
长度 240	±2.0	±3.0	±4.0
宽度 115	±2.0	±3.0	±4.0
厚度 53	±1.0	±2.0	±3.0

每一生产厂家生产的粉煤灰砖到施工现场后，必须进行强度等级复检。抽检数量按 10 万块砖为一验收批，每一验收批抽检一组。每组试样为 10 块。

6. 普通混凝土小型空心砌块

普通混凝土小型空心砌块的尺寸允许偏差应符合表 3-54 的要求。

普通混凝土小型空心砌块尺寸允许偏差(mm) **表 3-54**

尺寸	优等品	一等品	合格品
长度 390	±2.0	±3.0	±3.0
宽度 190	±2.0	±3.0	±3.0
高度 190	±2.0	±3.0	+3.0、−4.0

普通混凝土小型空心砌块各强度等级应符合表 3-55 的要求。

普通混凝土小型空心砌块强度等级 **表 3-55**

强度等级	抗压强度(MPa)		强度等级	抗压强度(MPa)	
	五块平均值≥	单块最小值≥		五块平均值≥	单块最小值≥
MU3.5	3.5	2.8	MU10.0	10.0	8.0
MU5.0	5.0	4.0	MU15.0	15.0	12.0
MU7.5	7.5	6.0	MU20.0	20.0	16.0

每一生产厂家生产的普通混凝土小型空心砌块到施工现场后，必须进行强度等级复检。抽检数量按 1 万块普通混凝土小型空心砌块为一验收批，每一验收批抽检一组。每组试样为 5 块。用于多层建筑物的基础和底层的普通混凝土小型空心砌块每一验收批抽检至少两组。

7. 轻骨料混凝土小型空心砌块

轻骨料混凝土小型空心砌块的尺寸允许偏差应符合表 3-56 的要求。

轻骨料混凝土小型空心砌块尺寸允许偏差(mm) **表 3-56**

尺寸	一等品	合格品
长度 390	±2.0	±3.0
宽度 190	±2.0	±3.0
高度 190	±2.0	±3.0

注：承重砌块最小壁厚不小于 30mm，最小肋厚不小于 25mm；保温砌块最小壁厚不小于 20mm，最小肋厚不小于 25mm。

轻骨料混凝土小型空心砌块各强度等级应符合表 3-57 的要求。

轻骨料混凝土小型空心砌块强度等级　　表 3-57

强度等级	抗压强度(MPa)		密度等级范围(kg/m³)
	五块平均值≥	单块最小值≥	
MU 1.5	1.5	1.2	≤600
MU 2.5	2.5	2.0	≤800
MU 3.5	3.5	2.8	≤1200
MU 5.0	5.0	4.0	
MU 7.5	7.5	6.0	≤1400
MU 10.0	10.0	8.0	

每一生产厂家生产的轻骨料混凝土小型空心砌块到施工现场后，必须进行强度等级和密度等级复检。抽检数量按 1 万块轻骨料混凝土小型空心砌块为一验收批，每一验收批抽检一组。每组强度试样为 5 块，密度试样为 3 块。

8. 粉煤灰小型空心砌块

粉煤灰小型空心砌块的尺寸允许偏差应符合表 3-58 的要求。

粉煤灰小型空心砌块尺寸允许偏差(mm)　　表 3-58

尺寸	优等品	一等品	合格品
长度 390	±2.0	±3.0	±3.0
宽度 190	±2.0	±3.0	±3.0
高度 190	±2.0	±3.0	+3.0、-4.0

粉煤灰小型空心砌块各强度等级应符合表 3-59 的要求。

粉煤灰小型空心砌块强度等级　　表 3-59

强度等级	抗压强度(MPa)		强度等级	抗压强度(MPa)	
	五块平均值≥	单块最小值≥		五块平均值≥	单块最小值≥
MU2.5	2.5	2.0	MU7.5	7.5	6.0
MU3.5	3.5	2.8	MU10.0	10.0	8.0
MU5.0	5.0	4.0	MU15.0	15.0	12.0

每一生产厂家生产的粉煤灰小型空心砌块运到施工现场后，必须进行强度等级复检。抽检数量按 1 万块粉煤灰小型空心砌块为一验收批，每一验收批抽检一组。每组试样为 5 块。

9. 加气混凝土砌块

加气混凝土砌块的尺寸偏差应符合表 3-60 的要求。

加气混凝土砌块的尺寸偏差(mm)　　表 3-60

项　目		指标		
		优等品(A)	一等品(B)	合格品(C)
尺寸允许偏差	长度　L	±3	±4	±5
	宽度　B	±2	±3	+3、-4
	高度　H	±2	±3	+3、-4

加气混凝土砌块各强度等级应符合表3-61的要求。

加气混凝土砌块强度等级　　表3-61

体积密度级别		B03	B04	B05	B06	B07	B08
强度等级	优等品(A)	A1.0	A2.0	A3.5	A5.0	A7.5	A10.0
	一等品(B)			A3.5	A5.0	A7.5	A10.0
	合格品(C)			A2.5	A3.5	A5.0	A7.5

加气混凝土砌块的抗压强度应符合表3-62的要求。

加气混凝土砌块的抗压强度　　表3-62

强度等级	立方体抗压强度(MPa)		强度等级	立方体抗压强度(MPa)	
	平均值≥	单块最小值≥		平均值≥	单块最小值≥
A1.0	1.0	0.8	A5.0	5.0	4.0
A2.0	2.0	1.6	A7.5	7.5	6.0
A2.5	2.5	2.0	A10.0	10.0	8.0
A3.5	3.5	2.8			

加气混凝土砌块的干体积密度应符合表3-63的要求。

加气混凝土砌块的干体积密度　　表3-63

密度级别		B03	B04	B05	B06	B07	B08
体积密度(kg/m³)	优等品(A)不大于	300	400	500	600	700	800
	一等品(B)不大于	330	430	530	630	730	830
	合格品(C)不大于	350	450	550	650	750	850

每一生产厂家的加气混凝土砌块运到施工现场后，必须对其抗压强度和体积密度进行复检，按同品种、同规格、同等级的加气混凝土砌块1万块为一检验批。每检验批的加气混凝土砌块至少抽检一组。体积密度和抗压强度试样的制备，是沿制品膨胀方向中心部分上、中、下顺序锯取一组，上块上表面距制品顶面30mm。制品高度不同，试样间隔略有不同。试样的尺寸为100mm×100mm×100mm立方体试件。强度级别和体积密度检验应制作三组(共9块)试件。

第七节　建筑防水材料

建筑防水材料是建设工程中不可缺少的重要功能性材料，随着永久性建筑的增多，建筑防水功能要求的提高和住宅商品化，建筑防水材料正朝多元化、多功能、环保型方向发展。新型防水材料具有良好的拉伸强度、延伸率、低温柔性，耐老化等功能，施工安全方便，不污染环境，使用寿命长等特点。

一、防水卷材

建筑防水卷材是一种主要的防水材料，被广泛地用于屋面、地下室防水。防水卷材成毯状，可卷曲，采用铺贴和粘结方法施工。建设工程比较常用的建筑防水卷材按产品原料和成型工艺主要可分为沥青防水卷材、高聚物改性沥青防水卷材、合成高分子防水卷材三大类。防水工程应根据建筑物的性质、重要程度、使用功能要求以及防水层合理使用年限、按不同防水等级选择防水材料。屋面工程防水等级分为Ⅰ级、Ⅱ级、Ⅲ级、Ⅳ级，其中防水等级为Ⅰ级的指特别重要或对防水有特殊要求的建筑，防水层合理使用年限25年；防水等级为Ⅱ级的指重要的建筑或高层建筑，防水层合理使用年限15年；防水等级为Ⅲ级的指一般建筑，防水层合理使用年限10年；防水等级为Ⅳ级的指非永久性的建筑，防水层合理使用年限5年。地下工程的防水等级分为4级，其中防水等级Ⅰ级的标准是不允许渗水，结构表面无湿渍；防水等级Ⅱ级的标准是不允许漏水，结构表面可有少量湿渍；防水等级Ⅲ级的标准是指有少量漏水点，不得有线流和漏泥砂；防水等级Ⅳ级的标准是指有漏水点，不得有线流和漏泥砂。

(一) 常用建筑防水卷材

在这里我们只介绍高聚物改性沥青防水卷材和合成高分子防水卷材。

1. 高聚物改性沥青防水卷材

高聚物改性沥青防水卷材以高分子聚合物改性石油沥青为涂盖层，聚酯毡、玻纤毡、聚乙烯胎为胎基，细砂、矿物粉料或塑料膜为隔离层，制成的防水卷材。一般可用于屋面防水等级为Ⅰ级、Ⅱ级、Ⅲ级的建筑物和地下防水工程。

高聚物改性沥青防水卷材主要分为塑性体改性沥青防水卷材、弹性体改性沥青防水卷材、改性沥青聚乙烯胎防水卷材、自粘橡胶沥青防水卷材和沥青复合胎柔性防水卷材等。

(1) 塑性体改性沥青防水卷材和弹性体改性沥青防水卷材

塑性体改性沥青防水卷材(简称APP卷材)和弹性体改性沥青防水卷材(简称SBS卷材)是采用高分子聚合物材料对沥青进行改性和优化，以拓宽改性沥青的高、低温性能和抗老化能力。该产品具有拉伸强度大，延伸率高、抗老化等特点，其防水寿命可达15年以上。而且施工方法简单、安全，适用热熔、冷粘等施工方法，减少环境污染，施工期短、易干、易翻修。在冬季和基层干燥较差条件下施工更具有明显优势。

塑性体改性沥青防水卷材和弹性体改性沥青防水卷材按胎基分为聚酯毡(PY)和玻纤毡(G)；按物理性能分为Ⅰ型和Ⅱ型，其中Ⅱ型满足地下工程防水要求。

(2) 改性沥青聚乙烯胎防水卷材

改性沥青聚乙烯胎防水卷材以改性沥青为基料，以高密度聚乙烯膜为胎体和覆面材料，经滚压、水冷、成型制成的防水卷材。按基料将产品分为氧化改性沥青防水卷材、丁苯橡胶改性氧化沥青防水卷材和高聚物改性沥青防水卷材三类。氧化改性沥青防水卷材是用增塑剂和催化剂将沥青氧化改性，以改善氧化沥青的软化点、针入度和延伸度。其他两类均以高分子材料对沥青进行改性，使沥青混合物改善软化温度和弹性。

(3) 自粘橡胶沥青防水卷材

自粘橡胶沥青防水卷材以SBS等弹性体、沥青为基料，以聚乙烯膜、铝箔为表面材料或无膜(双面自粘)采用防粘隔离层的自粘防水卷材。

其中以聚乙烯膜(PE)为表面材料的自粘卷材适用于非外露的防水工程；以铝箔(AL)为表面材料的自粘卷材适用于外露的防水工程；无膜双面自粘卷材(N)适用于辅助防水工程。

(4) 自粘聚合物改性沥青聚酯毡防水卷材

自粘聚合物改性沥青聚酯毡防水卷材以聚合物改性沥青为基料，采用聚酯毡为胎体，粘贴面背面覆以防粘材料的增强型自粘防水卷材。其中聚乙烯膜面(PE)细砂面(S)自粘聚酯毡卷材适用于非外露防水工程，铝箔面(AL)自粘聚酯胎卷材可用于外露防水工程，1.5mm 自粘聚酯毡卷材仅用于辅助防水。

2. 合成高分子防水卷材

以高分子材料为主材料、以延压法或挤出法生产的均质片材及以高分子材料复合的复合片材，与传统的沥青防水卷材相比，具有使用寿命长，施工简便，无安全隐患，防水性能优异，有良好的抗拉强度、延伸率和低温柔性，其色泽鲜艳。

目前国内建设工程中一般使用得比较多的是三元乙丙橡胶防水卷材、氯化聚乙烯—橡胶共混防水卷材、氯化聚乙烯防水卷材和聚氯乙烯防水卷材。其中三元乙丙橡胶防水卷材、氯化聚乙烯—橡胶共混防水卷材以硫化橡胶为主。

(1) 三元乙丙橡胶防水卷材

三元乙丙橡胶防水卷材具有耐候性、耐高温、耐化学介质腐蚀等一系列优点。用三元乙丙橡胶为主制成无织物增强硫化橡胶防水卷材具有高拉伸强度、高耐寒、高弹性、耐老化、耐臭氧和耐化学稳定性等特点，使用寿命可达 30 年以上。但需采用胶粘剂防止粘结处渗漏。

(2) 氯化聚乙烯—橡胶共混防水卷材

氯化聚乙烯—橡胶共混防水卷材是由聚氯乙烯与橡胶共混，是无织物增强的硫化型防水卷材。该卷材具有很高的抗拉强度、延伸率大、耐老化性好、耐臭氧性好、热收缩率小和耐化学稳定性等特点，是一种塑性与弹性为一体的新型防水卷材。

(3) 氯化聚乙烯防水卷材

氯化聚乙烯防水卷材以氯化聚乙烯为主要原料，并加入适量添加物经压延而成的非硫化型防水卷材。产品可分为增强型和非增强型两种。其中增强型是以玻璃纤维网格布为骨架。该卷材外观色彩丰富，具有抗拉伸、强度高、延伸率大(指非增强型卷材)，施工方便，可采用冷铺贴施工，减少施工污染，改善劳动条件。

(4) 聚氯乙烯防水卷材

聚氯乙烯防水卷材由聚氯乙烯树脂、增塑剂、稳定剂及其他助剂经捏合、挤出，并与聚酯无纺布热压复合而成。该卷材色泽鲜艳美观、使用寿命长、无环境污染。其材料性能具有拉伸强度高、延伸率大、收缩率小、耐候性好，还有很好的耐化学腐蚀性和良好防火等特性。具有多种施工方法(粘结法、机械固定法、空铺法)，且施工简便。

(二) 常用防水卷材的验收

建筑防水卷材在进入建设工程被使用前，必须进行检验验收。验收主要分为资料验收和实物验收。

1. 资料验收

(1)《全国工业产品生产许可证》

国家对建筑防水卷材实行生产许可证管理，由国家质量监督检验检疫总局对经审查符合国家有关规定的防水卷材生产企业统一颁发《全国工业产品生产许可证》(简称生产许可证)。证书的有效期一般不超过5年。对符合生产许可证申报条件的企业，由各省市工业产品生产许可证办公室先发《行政许可申请受理决定》，并自受理企业申请之日起60日内作出是否准予许可的决定。

例：防水卷材生产许可证编号　　　　XK23-203-×××××

XK——许可证；

23——建材行业编号；

203——建筑防水卷材产品编号；

×××××——某一特定生产企业生产许可证编号。

为防止生产许可证的造假，可通过国家质量监督检验检疫总局网站(www.aqsiq.gov.cn)进行建筑防水卷材生产许可证获证企业查询。

(2) 防水卷材质量证明书

防水卷材在进入施工现场时应对质量证明书进行验收。质量证明书必须字迹清楚，应注明供方名称或厂标、产品标准、生产日期和批号、产品名称、规格及等级、产品标准中所规定的各项出厂检验结果等。质量证明书应加盖生产单位公章或质检部门检验专用章。

(3) 产品包装和标志

卷材可用纸包装或塑胶带成卷包装，纸包装时应以全柱面包装，柱面两端未包装长度总计不应超过100mm。标志包括生产厂名、产品标记、生产日期或批号、生产许可证编号、储存与运输注意事项。

同时核对包装标志与质量证明书上所示内容是否一致。

2. 实物验收

实物验收分为外观质量验收、厚度选用、物理性能复检、胶粘剂验收四个方面。

(1) 外观质量验收

必须对进场的防水卷材进行外观质量检验，该检验可在施工现场通过目测和尺具测量。高聚物改性沥青防水卷材的外观质量要求见表3-64。

高聚物改性沥青防水卷材的外观质量　　　　表3-64

项　　目	质　量　要　求
孔洞、缺边、裂口	不允许
边缘不整齐	不超过10mm
胎体露白、未浸透	不允许
撒布材料粒度、颜色	均匀
每卷卷材的接头	不超过1处，较短的一段不应小于1000mm，接头处应加长150mm

合成高分子防水卷材的外观质量要求分别见表 3-65

合成高分子防水卷材的外观质量　　表 3-65

项　　目	质　量　要　求
折痕	每卷不超过 2 处，总长度不超过 20mm
杂质	大于 0.5mm 颗粒不允许，每 $1m^2$ 不超过 $9mm^2$
胶块	每卷不超过 6 处，每处面积不大于 $4mm^2$
凹痕	每卷不超过 6 处，深度不超过本身厚度的 30%；树脂类深度不超过 5%
每卷卷材的接头	橡胶类每 20m 不超过 1 处，较短的一段不应小于 3000mm，接头处应加长 150mm；树脂类 20m 长度内不允许有接头

（2）卷材的厚度选用

卷材的厚度选用是防水中重点考虑的，但目前不论是生产方面还是施工方面，都存在偷工减料的现象，因此将卷材的厚度选用要求列出来；卷材厚度的检验方法是用精密的尺具进行现场测量，卷材厚度的选用分为屋面工程和地下工程两种要求。屋面工程卷材防水层厚度选用应符合表 3-66 的规定；地下工程卷材防水层厚度选用应符合表 3-67 的规定。

屋面工程防水卷材厚度选用表　　表 3-66

屋面防水等级	设防道类	合成高分子防水卷材	高聚物改性沥青防水卷材	自粘聚酯胎改性沥青防水卷材	自粘橡胶沥青防水卷材
Ⅰ级	三道或三道以上设防	不应小于 1.5mm	不应小于 3mm	不应小于 2mm	不应小于 1.5mm
Ⅱ级	二道设防	不应小于 1.2mm	不应小于 3mm	不应小于 2mm	不应小于 1.5mm
Ⅲ级	一道设防	不应小于 1.2mm	不应小于 4mm	不应小于 3mm	不应小于 2mm
Ⅳ级	一道设防	—	—	—	—

地下工程防水卷材厚度选用表　　表 3-67

屋面防水等级	设防道类	合成高分子防水卷材	高聚物改性沥青防水卷材
1 级	三道或三道以上设防	单层：不应小于 1.5mm；双层：每层不应小于 1.2mm	单层：不应小于 4mm；双层：每层不应小于 3mm
2 级	二道设防		
3 级	一道设防	不应小于 1.5mm	不应小于 4mm
	复合设防	不应小于 1.2mm	不应小于 3mm

（3）防水卷材的进场复检

进场的卷材，应进行抽样复检，合格后方可使用，复检应符合下列规定：

1）同一品种、型号和规格的卷材，抽样数量：大于 1000 卷抽取 5 卷；500～1000 卷抽取 4 卷；100～499 卷抽取 3 卷；小于 100 卷抽取 2 卷。

2）将受检的卷材进行规格尺寸和外观质量检验，全部指标达到标准规定时，即为合格。其中若有一项指标未达到要求，允许在受检产品中另取相同数量卷材进行复检，全部达到标准规定为合格。复检时若仍有一项指标不合格，则判定该产品外观质量为不合格。

3）在外观质量检验合格的卷材中，任取一卷做物理性能检验，若物理性能有一项指标不符合标准规定，应在受检产品中加倍取样进行该项复检，复检结果若仍不合格，则判定该产品为不合格。

4）进场的卷材物理性能应检验下列项目：

由于层面工程和地下防水工程对防水卷材的性能要求有所不同，因此对不同使用部位的卷材有不同的要求。具体性能指标见表 3-68～表 3-70。

屋面工程中高聚物改性沥青防水卷材物理性能　　表 3-68

项目		性能要求				
		聚酯毡胎体	玻纤毡胎体	聚乙烯胎体	自粘聚酯胎体	自粘无胎体
可溶物含量（g/m²）		3mm 厚≥2100 4mm 厚≥2900		—	2mm 厚≥2100 3mm 厚≥2100	—
拉力(N/50mm)		≥450	纵向≥350 横向≥250	≥100	≥350	≥250
延伸率(%)		最大拉力时≥30	—	断裂时≥200	最大拉力时≥30	断裂时≥150
耐热度(℃，2h)		SBS 卷材 90，APP 卷材 110，无滑动、流淌、滴落		PEE 卷材 90，无流淌、起泡	70，无滑动、流淌、滴落	70，无起泡、滑动
低温柔度(℃)		SBS 卷材-18，APP 卷材-5，PEE 卷材			−20	
		3mm 厚，r=15mm；4mm 厚，r=25mm；3s，弯 180°无裂纹			r=25mm；3s，弯 180°无裂纹	ϕ20mm；3s，弯 180°无裂纹
不透水性	压力(MPa)	≥0.3	≥0.2	≥0.3	≥0.3	≥0.2
	保持时间(min)	≥30				≥120

注：SBS 卷材——弹性体改性沥青防水卷材；
　　APP 卷材——塑性体改性沥青防水卷材；
　　PEE 卷材——高聚物改性沥青聚乙烯胎防水卷材。
　　r 为弯曲半径。

地下工程中高聚物改性沥青防水卷材的物理性能　　表 3-69

项　目		性能要求		
		聚酯毡胎体	玻纤毡胎体	聚乙烯胎体
拉伸性能	拉力(N/50mm)	≥800(纵横向)	≥500(纵向) ≥300(横向)	≥140(纵向) ≥120(横向)
	最大拉力时延伸率(%)	≥40(纵横向)	—	≥250(纵横向)
低温柔度(℃)		不大于 15		
		3mm 厚，r=15mm；4mm 厚，r=25mm；3s，弯 180°无裂纹		
不透水性		压力 0.3MPa，保持时间 30min，不透水		

合成高分子防水卷材部分物理性能指标（包括屋面和地下）　　表 3-70

项目		性能要求								
		硫化橡胶			非硫化橡胶		树脂类		纤维增强类	
		屋面要求	地下要求 JL1	地下要求 JL2	屋面要求	地下要求 JF3	屋面要求	地下要求 JS1	屋面要求	地下要求 JL1
拉伸强度(MPa)≥		6	8	7	3	5	10	8	9	8
扯断伸长率(%)≥		400	450	400	200	200	200	200	10	10
低温弯折(℃)		−30	−45	−40	−20	−20	−20	−20	−20	−20
不透水性	压力(MPa)≥	0.3	0.3	0.3	0.2	0.3	0.3	0.3	0.3	0.3
	保持时间(min)≥	30								
加热收缩率(%)<		1.2	—	—	2.0	—	2.0	—	1.0	—
热老化保持率(80℃，168h)	拉伸强度(%)≥	80								
	扯断伸长率(%)≥	70								

（4）防水卷材胶粘剂、胶粘带的质量要求和进场验收

防水卷材在施工中需要胶粘剂、胶粘带等配套材料，配套材料的质量若不符合有关要求，将影响防水工程的整体质量，所以也是至关重要的。

1）防水卷材胶粘剂、胶粘带的质量应符合的要求

改性沥青胶粘剂的剥离强度不应小于 8N/10mm；合成高分子胶粘剂的剥离强度不应小于 15N/10mm，浸水 168h 后的保持率不应小于 70%；双面胶粘带的剥离强度不应小于 6N/10mm，浸水 168h 后的保持率不应小于 70%。

2）防水卷材胶粘剂、胶粘带的进场验收

进场的卷材胶粘剂、胶粘带物理性能应检验下列项目：

改性沥青胶粘剂应检验剥离强度；合成高分子胶粘剂应检验剥离强度和浸水 168h 后的保持率；双面胶粘带应检验剥离强度和浸水 168h 后的保持率。

（三）防水卷材和胶粘剂的储运与保管

1. 不同品种、型号和规格的卷材应分别堆放。

2. 卷材应储存在阴凉通风的室内，避免雨淋、日晒、受潮，严禁接近火源。

3. 卷材应避免与化学介质和有机溶剂等有害物质接触。

4. 不同品种、规格的胶粘剂和胶粘带，应分别用密封桶或纸箱包装。

5. 卷材胶粘剂和胶粘带应储存在阴凉通风的室内，严禁接近火源和热源。

二、防水涂料

建筑防水涂料也是一种比较常用的防水材料，被广泛地用于屋面和地下室防水，尤其是地下室防水。防水涂料外观一般为液体状，可涂刷在需要防水的基面上，按其成分可分为高聚物改性沥青防水涂料、合成高分子防水涂料和无机防水涂料。

（一）常用建筑防水涂料

1. 高聚物改性沥青防水涂料

高聚物改性沥青防水涂料以建筑物屋面防水为主要用途，以石油沥青为基

料，用高分子聚合物进行改性，配制成的水乳型或溶剂型防水涂料。代表性的材料为水性沥青基防水涂料。

水性沥青基防水涂料是以乳化沥青为原料的防水涂料，分为薄质和厚质。薄质在常温时为液体，具有流平性。厚质在常温时为膏体或黏稠体，不具有流平性。该产品属于国家限制使用的建筑材料，一般只用于屋面防水。

2. 合成高分子防水涂料

合成高分子防水涂料在混凝土材料的基面上涂刷后，能形成均匀无缝的防水层，具有良好的防水作用。由于涂料在成膜过程中没有接缝，不仅能在平屋面上，而且还能在立面、阴阳角和其他各种复杂表面的基层上形成连续不断的整体性防水涂层。比较常用的品种有聚氨酯防水涂料、聚合物乳液防水涂料、聚氨酯硬泡体防水保温材料等。

(1) 聚氨酯防水涂料

聚氨酯防水涂料是以合成橡胶为主要成膜物质，配制成的单组分或多组分防水涂料。产品按组分分为单组分和双组分，按拉伸性能分为Ⅰ、Ⅱ型。在常温固化成膜后形成无异味的橡胶状弹性体防水层。该产品具有抗拉强度高、延伸率大、耐寒、耐热、耐化学稳定性、耐老化、施工安全方便、无异味、不污染环境、粘结力强、能在潮湿基面施工、能与石油沥青及防水卷材相融合、维修容易等特点。

(2) 聚合物乳液建筑防水涂料

聚合物乳液建筑防水涂料是以聚合物乳液为主要原料，加入其他添加剂而制得的单组分水乳型防水涂料。以高固含量的丙烯酸酯乳液为基料，掺加各种原料及不同助剂配制而成。该防水涂料色彩鲜艳，无毒无味、不燃、无污染，具有优异的耐老化性能、粘结力强、高弹性，延伸率、耐寒、耐热、抗渗漏性能好，施工简便，工效高，维修方便等特点。

3. 聚合物水泥防水涂料

聚合物水泥防水涂料是以丙烯酸酯等聚合物乳液和水泥为主要原料，加入其他外加剂制得的双组分水性建筑防水涂料。

产品分为Ⅰ、Ⅱ型，Ⅰ型为以聚合物为主的防水涂料，主要用于非长期浸水环境下的建筑防水工程；Ⅱ型为以水泥为主的防水涂料，适用于长期浸水环境下的建筑防水工程。

4. 水泥基渗透结晶型防水材料

水泥基渗透结晶型防水材料是以硅酸盐水泥或普通水泥、石英砂等为基料，掺入活性化学物质制成的。

水泥基渗透结晶型防水材料按施工工艺不同可分为水泥基渗透结晶型防水涂料、水泥基渗透结晶型防水剂。水泥基渗透结晶型防水涂料是一种粉状材料，经与水拌合可调配成刷涂或喷涂在水泥混凝土表面的浆料，亦可将其以干粉撒覆并压入未完全凝固的水泥混凝土表面。水泥基渗透结晶型防水剂是一种掺入混凝土内部的粉状材料。

(二) 常用建筑防水涂料的验收

建筑防水涂料在进入建设工程被使用前，必须进行检验验收。验收主要分为资料验收和实物质量验收。

1. 资料验收

(1) 防水涂料质量证明书

防水涂料在进入施工现场时应对质量证明书进行验收。质量证明书必须字迹清楚，应注明供方名称或厂标、产品标准、生产日期和批号、产品名称、规格及等级、产品标准中所规定的各项出厂检验结果等。质量证明书应加盖生产单位公章或质检部门检验专用章。

(2) 产品包装和标志

防水涂料包装容器必须密封，容器表面应标明涂料名称、生产厂名、执行标准号、生产日期和产品有效期并分类存放。同时核对包装标志与质量证明书上所示内容是否一致。

2. 实物质量验收

实物质量验收分为外观质量验收和物理性能复检。

(1) 外观质量验收

必须对进场的防水涂料进行外观质量的检验，检验可在施工现场通过目测进行。

1) 水性沥青基防水涂料

水性沥青基厚质防水涂料经搅拌后为黑色或黑灰色均质膏体或黏稠体，搅匀和分散在水溶液中无沥青丝，水性沥青基薄质防水涂料搅拌后为黑色或蓝褐色均质液体，搅拌棒上不粘任何颗粒。

2) 聚氨酯防水涂料

为均匀黏稠体，无凝胶、结块。

3) 聚合物乳液建筑防水涂料

产品经搅拌后无结块，呈均匀状态。

4) 聚合物水泥防水涂料

产品的两组分经分别搅拌后，其液体组分应为无杂质、无凝胶的均匀乳液；固体组分应为无杂质、无结块的粉末。

(2) 物理性能复检

进场的防水涂料，应进行抽样复检，合格后方可使用，复检应符合下列规定：

1) 同一规格、品种的防水涂料，每 10t 为一检验批，不足 10t 按一批进行抽样。

2) 防水涂料的物理性能检验，全部指标达到标准规定时，即为合格。若有一项指标达不到要求，允许在受检产品中加倍取样进行该项复检，复检结果若仍不合格，则判定该产品为不合格。

3) 进场的防水涂料物理性能应检验下列项目：

由于屋面工程和地下工程对防水涂料的性能要求有所不同，其中水性沥青基防水涂料在工程实践中一般只用于屋面工程，而合成高分子防水涂料、聚合物水泥防水涂料可用于屋面工程和地下工程，水泥基渗透结晶型防水材料一般用于地下工程。具体物理性能指标见表 3-71～表 3-74。

水性沥青基防水涂料物理性能指标　　表 3-71

项目		质量要求	
		厚质(水乳型)	薄质(溶剂型)
固体含量(%)≥		43	48
耐热性(80℃，5h)		无流淌、起泡、滑动	
低温柔度(℃，2h)		-10℃，绕 ϕ20 圆棒无裂纹	-15℃，绕 ϕ10 圆棒无裂纹
不透水性	压力(MPa)	0.1	0.1
	保持时间(min)	30	30
延伸性(mm)≥		4.5	—
抗裂性(mm)		—	基层裂缝 0.3mm，涂膜无裂纹

聚氨酯防水涂料(反应固化型)部分物理性能指标　　表 3-72

项目		质量要求	
		Ⅰ类	Ⅱ类
固体含量(%)		单组分 80；多组分 92	
拉伸强度(MPa)≥		1.9	2.45
低温柔度(℃，2h)		单组分-40℃，多组分-35℃弯折无裂纹	
表干时间(h)≤		单组分 12；多组分 8	
实干时间(h)≤		24	
不透水性	压力(MPa)	0.3	
	保持时间(min)	30	
断裂伸长率(%)≥		单组分 550；多组分 450	450
潮湿基面粘结强度(MPa)≥		0.5，仅用于地下工程潮湿基面时要求	

聚合物乳液建筑防水涂料(挥发固化型)部分物理性能指标　　表 3-73

项目		质量要求
固体含量(%)		65
拉伸强度(MPa)≥		1.5
低温柔度(℃，2h)		-20，绕 ϕ20mm 圆棒无裂纹
表干时间(h)≤		4
实干时间(h)≤		8
不透水性	压力(MPa)	0.3
	保持时间(min)	30
断裂伸长率(%)≥		300

聚合物水泥防水涂料部分物理性能指标　　表 3-74

项目	质量要求	
	Ⅰ型	Ⅱ型
固体含量(%)	65	
拉伸强度(MPa)≥	1.2	1.8
低温柔度(℃，2h)	−10，绕 ϕ10mm 圆棒无裂纹	—
表干时间(h)≤	4	
实干时间(h)≤	8	
不透水性(Ⅱ型用于地下工程时该项目可不测)	压力≥0.3MPa，保持 30min 以上	
断裂伸长率(%)≥	200	80
抗渗性(MPa)≥	—	0.6，用于地下工程该项目必则
潮湿基面粘结强度(MPa)≥	0.5	1

(三) 防水涂料的储运与保管

1. 不同类型、规格的产品应分别堆放，不得混杂。
2. 避免雨淋、日晒和受潮，严禁接近火源。
3. 防止碰撞、注意通风。

第八节　绝　热　材　料

绝热材料是保温、保冷、隔热材料的总称。一般把导热系数 $\lambda \leqslant 0.23$W/(m.K)的材料称为绝热材料。

绝热材料是指不易传热的、对热流具有显著阻抗作用的材料或材料的复合体。

导热系数 λ 表征是通过材料本身热量传导能力大小的量度。

导热系数 λ 是衡量绝热材料的一个重要指标。导热系数越小，则说明材料的绝热性能越好。材料的导热系数受材料的物质构成、空隙率、表观密度、材料所处的温度、材料的含水率及热流方向等的影响。一般来说，化学组成和分子结构比较简单的物质比结构复杂的物质的导热系数大；材料的空隙率越大，材料的导热系数越小；材料的表观密度越小，导热系数也越小；随着材料所处温度的升高，材料的导热系数也随之增大；材料含水率的增加也会导致材料的导热系数增大；对于纤维材料，热流方向与纤维排列方向垂直时的导热系数较小。

节约能源是当今世界的大趋势，有效地利用能源，是节约能源的有效途径。1986 年国家颁布了《节约能源管理暂行条例》、《民用建筑节能设计标准(采暖居住建筑部分)》等法规，通过 20 年的实施，绝热材料在建筑上已广泛使用，成为节能的重要措施。性能优良的建筑绝热材料和良好的保温技术在建筑节能中起到了事半功倍的作用。

用于建筑节能的绝热材料应符合以下基本要求：(1)具有较低的导热系数。

一般导热系数λ不大于0.1W/(m.K)。(2)具有防水作用。由于大多数绝热材料吸水受潮后，其绝热性能会显著下降。(3)具有一定强度。绝热材料的强度必须保证建筑上最低强度要求。(4)具有良好的尺寸稳定性。(5)具有一定的防火防腐能力。

绝热材料的种类很多，按化学成分分类，可分为无机非金属绝热材料、有机高分子绝热材料和金属绝热材料。

按产品状态分类，可分为纤维状、无机多孔状、有机气泡状和层状。纤维状绝热材料有：岩棉、矿渣棉、玻璃棉、硅酸铝棉等。无机多孔状绝热材料有：微孔硅酸钙、膨胀珍珠岩、泡沫玻璃、膨胀蛭石、硅酸盐复合涂料等。有机气泡状绝热材料有：聚苯乙烯、硬质聚氨酸、橡塑、酚醛、聚乙烯等。层状绝热产品有：铝箔等。

一、有机气泡状绝热材料

有机气泡状绝热材料主要是指泡沫塑料为主的绝热材料。

泡沫塑料是以各种树脂为基料，加入少量的发泡剂、催化剂、稳定剂以及其他辅助材料，经加热发泡而成的一种轻质、保温、隔热、防震材料。这类材料表观密度小，导热系数低，具有防震、耐腐蚀、耐霉变、施工性能好等优点，已广泛用于建设工程中。

泡沫塑料按其泡孔结构可分为闭孔和开孔泡沫塑料；按体积密度可分为低发泡、中发泡和高发泡泡沫塑料，其中低发泡泡沫塑料的体积密度大于0.04g/cm^3，高发泡塑料泡沫的体积密度为0.01g/cm^3，中发泡泡沫塑料的体积密度介于两者之间。

目前，建设工程中常见的用于绝热的泡沫塑料有聚苯乙烯泡沫塑料、聚氨酯泡沫塑料、柔性泡沫塑料、酚醛泡沫塑料等。

(一) 聚苯乙烯泡沫塑料

聚苯乙烯泡沫塑料是以聚苯乙烯树脂或其共聚物为主要成分的泡沫塑料。按成型的工艺不同可分为模塑聚苯乙烯泡沫塑料和挤塑聚苯乙烯泡沫塑料。

1. 模塑聚苯乙烯泡沫塑料

模塑聚苯乙烯泡沫塑料是指可发性聚苯乙烯泡沫塑料粒子经加热预发泡后，在模具中加热成型而制得的具有闭孔结构的硬质泡沫塑料。

模塑聚苯乙烯泡沫塑料根据体积密度不同分为Ⅰ类(体积密度≥15.0kg/m^3)、Ⅱ类(体积密度≥20.0kg/m^3)、Ⅲ类(体积密度≥30.0kg/m^3)、Ⅳ类(体积密度≥40.0kg/m^3)、Ⅴ类(体积密度≥50.0kg/m^3)、Ⅵ类(体积密度≥60.0kg/m^3)。不同体积密度的材料应用场合也不相同。一般的，Ⅰ类产品应用于夹芯材料(金属面聚苯乙烯夹芯板)，墙体保温材料，不承受荷载。特别适用于外墙外保温系统的模塑聚苯乙烯泡沫塑料的体积密度范围为18.0～22.0kg/m^3。Ⅱ类产品适用于地板下面隔热材料，承受较小的荷载。Ⅲ类材料常用于停车平台的隔热。Ⅳ、Ⅴ、Ⅵ类常用于冷库铺地材料、公路路基等。

对于膨胀聚苯板薄抹灰外墙外保温系统中使用的模塑聚苯烯泡沫塑料(也称膨胀聚苯板)，由于使用在墙体保温，对产品的外观尺寸和性能除符合以上模塑聚苯烯泡沫塑料的性能要求外，还应根据外墙保温的特点对产品有新的性能要求。

2. 挤塑聚苯乙烯泡沫塑料

挤塑聚苯乙烯泡沫塑料是以聚苯乙烯树脂或其共聚物为主要成分，添加少量添加剂，通过热挤塑成型而得的具有闭孔结构的硬质泡沫塑料。

挤塑聚苯乙烯泡沫塑料较多地用于屋面保温，也可用于墙体、地面的保温隔热。

挤塑聚苯乙烯泡沫塑料按强度和有无表皮分类。带表皮按抗压强度分为150kPa、200kPa、250kPa、300kPa、350kPa、400kPa、450kPa、500kPa；无表皮按抗压强度分为250kPa和300kPa。

(二) 硬质聚氨酯泡沫塑料

聚氨酯(PU)泡沫塑料是以含有羟基的聚醚树脂与异氰酸酯反应生成的聚氨基甲酸酯为主体，以异氰酸酯与水反应生成的二氧化碳(或以低沸点氟碳化合物)为发泡剂制成的一类泡沫塑料。用于绝热材料的主要是硬质聚氨酯泡沫塑料，其具有很低的导热系数，节能效果显著，同时具有较高的强度和粘结性。

建筑隔热用硬质聚氨酯泡沫塑料按用途可分为Ⅰ类和Ⅱ类。Ⅰ类用于轻承载，如屋顶、地板下隔层等，Ⅱ类用于重承载，如衬填材料等。按导热系数分为A、B型，A型导热系数不大于0.022W/(m.K)，B型导热系数不大于0.027W/(m.K)。

硬质聚氨酯泡沫塑料本身属于可燃物，但添加阻燃剂和协效剂等制成的阻燃泡沫具有良好的防火性能，能达到离火自行熄灭。

(三) 柔性泡沫橡塑

柔性泡沫橡塑绝热制品是以天然或合成橡胶和其他有机高分子材料的共混体为基材，加各种添加剂、阻燃剂、稳定剂、硫化促进剂等，经混炼、挤出、发泡和冷却定型，加工而成的具有闭孔结构的柔性绝热制品。柔性泡沫橡塑制品按体积密度分为Ⅰ类和Ⅱ类；按制品形状分为板状和管状。其部分物理性能见表3-75。

柔性泡沫橡塑部分物理性能 **表3-75**

<table>
<tr><td rowspan="3">项目</td><td rowspan="3">单位</td><td colspan="4">性能指标</td></tr>
<tr><td colspan="2">Ⅰ类</td><td colspan="2">Ⅱ类</td></tr>
<tr><td>板</td><td>管</td><td>板</td><td>管</td></tr>
<tr><td>体积密度</td><td>kg/m³</td><td colspan="2">40～95</td><td colspan="2">40～110</td></tr>
<tr><td>导热系数
平均温度
−20℃
0℃</td><td>W/(m·K)</td><td colspan="2">≤0.036
≤0.038</td><td colspan="2">≤0.040
≤0.042</td></tr>
<tr><td>耐臭氧性
(臭氧分压202MPa
200h)</td><td>—</td><td colspan="4">不龟裂</td></tr>
</table>

（四）其他有机泡孔绝热材料产品

1. 酚醛泡沫塑料

酚醛泡沫塑料是热固性（或热塑性）酚醛树脂在发泡剂（如甲醛等）的作用下发泡并在固化剂（硫酸、盐酸等）作用下交联、固化而生成的一种硬质热固性泡沫塑料。

酚醛泡沫具有体积密度低，导热系数低、耐热、防火性能好等特点而应用于建筑工程的屋顶、墙体保温、隔热，中央空调保温系统等。

2. 聚乙烯泡沫塑料

聚乙烯泡沫塑料是以聚乙烯为主要原料，加入交联剂（甲基丙烯酸甲酯）发泡剂（AC 等）稳定剂一次成型加工而成的泡沫塑料。

一般用于绝热材料应选 45 倍发泡倍率的聚乙烯泡沫塑料。其具有较好的绝热性能、较低的吸水率、耐低温，可用于建筑物顶棚、空调系统等部位的保温、保冷。

（五）有机泡孔绝热材料的燃烧性能

有机泡孔绝热材料的燃烧性能级别通常为 B1 或 B2，两者的区别在于技术要求不同。B1 级里包含 4 个技术要求：氧指数不小于 32；平均燃烧时间不大于 30s；平均燃烧高度不大于 250mm；烟密度等级（SDR）不大于 75。只有同时满足这 4 个要求，才能判定产品为 B1 级。

B2 级里包含 3 个技术要求：氧指数不小于 265；平均燃烧时间不大于 90s，平均燃烧高度不大于 50mm。

值得注意的是产品的燃烧性能分级标志，对燃烧性能分级的材料，在其标志级别之后，是否在括号内注明该材料的名称。

还应注意的是，上述 B1、B2 级不应与建筑材料难燃概念相混淆。

（六）有机泡孔绝热材料产品验收

1. 资料验收

资料验收包括产品质保书、产品合格证及相关性能的检测报告。质保书中应注明产品名称、产品标记、商标、生产日期、产品种类、规格及主要性能指标如体积密度、压缩强度、导热系数、尺寸稳定性、燃烧性能等，用于外墙外保温系统的模塑聚苯乙烯泡沫塑料、挤塑聚苯乙烯泡沫塑料和聚氨酯泡沫塑料还应具有耐候性能要求。

产品进场后，供货方应提供该产品的相关的检测报告，在查看检测报告时应注意进场产品的规格型号与报告中的规格型号是否相符合；报告是否具有计量章（CMA 章）等。

2. 实物验收

材料进场时，应对产品的品种、规格、外观和尺寸进行验收。

这类产品应在自然光下对产品进行外观的检查。

模塑聚苯乙烯泡沫塑料的外观验收，应从色泽、外形、熔结和杂质四个方面着手，应符合表 3-76 的要求。

模塑聚苯乙烯泡沫塑料外观要求 表 3-76

项目	要求	项目	要求
色泽	色泽均匀，阻燃型应掺有颜色的颗粒以示区别	熔结	熔结良好
外形	表面平整，无明显收缩变形和膨胀变形	杂质	无明显油渍和杂质

挤塑聚苯乙烯泡沫塑料的外观验收应从外表面、颜色、夹杂物、外观缺陷着手。要求这类产品的外观表面平整，无杂质物，颜色均匀，不应有明显的影响使用的外观缺陷，如气泡、裂口、变形等。

聚氨酯泡沫塑料的外观验收要求板材表面基本平整，无严重凹凸不平。

柔性泡沫橡塑绝热制品的外观一般呈黑色，表面平整，允许有细微、均匀的皱折，但不能有明显影响使用质量的气泡、裂口等缺陷。

这类产品进场时，要仔细核对产品的外观和规格尺寸是否符合设计要求，特别是产品的厚度直接与绝热效果相关。可用钢尺或钢卷尺在离长边、短边 20mm 和中间位置测量产品的长度、宽度和厚度。

用于膨胀聚苯板薄抹灰外墙保温系统中使用的模塑聚苯乙烯泡沫塑料(也称膨胀聚苯板)的尺寸允许偏差应符合表 3-77 的要求。

膨胀聚苯板尺寸允许偏差 表 3-77

项目		允许偏差	项目	允许偏差
厚度(mm)	≤50	±1.5	对角线差(mm)	±3.0
	＞50	±2.0	板边平直(mm)	±2.0
长度(mm)		±2.0	板面平整度(mm)	±1.0
宽度(mm)		±1.0		

注：本表的允许偏差值以 1200mm×600mm 的膨胀聚苯板为基准。

挤塑聚苯乙烯泡沫塑料的尺寸允许偏差应符合表 3-78 的要求。

挤塑聚苯乙烯泡沫塑料的尺寸允许偏差 表 3-78

长度和宽度		厚度	
尺寸(mm)	允许偏差(mm)	尺寸 h(mm)	允许偏差(mm)
$L<1000$ $1000\leqslant L<2000$ $L\geqslant 2000$	±5 ±7.5 ±10	$h<50$ $h>50$	±2 ±3

聚氨酯泡沫塑料的尺寸允许偏差应符合表 3-79 的要求。

聚氨酯泡沫塑料的尺寸允许偏差 表 3-79

长度、宽度(mm)	允许偏差(mm)	厚度(mm)	允许偏差(mm)
＜1000	±5	＜50	±2
1000～2000	±7	50～75	±3
2000～4000	±10	75～100	

柔性泡沫橡塑绝热制品的尺寸允许偏差应符合表 3-80 的要求。

柔性泡沫橡塑绝热制品的尺寸允许偏差　　表 3-80

Ⅰ类、Ⅱ类板材

长		宽		厚	
尺寸(mm)	允许偏差(mm)	尺寸(mm)	允许偏差(mm)	尺寸(mm)	允许偏差(mm)
2000	±10	1000	±10	$3 \leqslant h \leqslant 15$	$^{+3}_{0}$
4000	±10				
6000	±15				
8000	±20			$15 < h$	$^{+5}_{0}$
10000	±25				
15000	±30				

模塑聚苯乙烯泡沫塑料以不超过 2000m³ 为一批，每批抽取产品数量 3 块。型式检验项目为尺寸、密度、压缩强度、熔结性、导热系数、尺寸变化率、吸水率、水蒸汽透过系数和燃烧性能。常规复检项目为密度、压缩强度、熔结性、导热系数、尺寸变化率、吸水率等。对于阻燃产品，应增加氧指数和燃烧等级的测试。其技术要求应符合表 3－81 的规定。

模塑聚苯乙烯泡沫塑料的主要物理性能　　表 3-81

项　目		单位	性能指标					
			Ⅰ	Ⅱ	Ⅲ	Ⅳ	Ⅴ	Ⅵ
体积密度不小于		kg/m³	15.0	20.0	30.0	40.0	50.0	60.0
压缩强度不小于		kPa	60	100	150	200	300	400
导热系数(25℃)不大于		W/(m·K)	0.041		0.039			
尺寸稳定性不大于		%	4	3	2	2	2	1
水蒸汽透过系数不大于		ng/(Pa·m·s)	6	4.5	4.5	4	3	2
吸水率(体积分数)不大于		%	6	4	2			
熔结性	断裂弯曲负荷不小于	N	15	25	35	60	90	120
	弯曲变形不小于	mm	20			—		
燃烧性能	氧指数不小于	%	30					
	燃烧分级不小于	达到B2级						

用于外墙外保温时，除了上述复检项目外，还要增加垂直于板面方向的抗拉强度的检测。对产品的性能除了符合以上模塑聚苯乙烯泡沫塑料的要求外，还应根据外墙保温的特点对产品有新的性能要求。其规定要求应符合表 3-82 的规定。

模塑聚苯乙烯泡沫塑料(膨胀聚苯板)主要物理性能　　表 3-82

试验项目	性能指标	试验项目	性能指标
导热系数［W/(m·K)］	≤0.041	垂直于板面的抗拉强度(MPa)	≥0.10
体积密度(kg/m³)	18.0～22.0	尺寸稳定性(%)	≤0.30

挤塑聚苯乙烯泡沫塑料产品以不超过 300m^3 为一批，每批抽取三块产品进行复检。常规复检项目包括压缩强度、导热系数、尺寸变化率、透湿系数、吸水率等，如用于墙体保温或地面隔热等重要部位时，应进行氧指数或燃烧等级的测定以保证产品的防水性能。其技术要求应符合表 3-83 的规定。

挤塑聚苯乙烯泡沫塑料的主要技术性能　　表 3-83

<table>
<tr><th rowspan="2">项目</th><th rowspan="2">单位</th><th colspan="8">带皮带</th><th colspan="2">不带皮带</th></tr>
<tr><th>X150</th><th>X200</th><th>X250</th><th>X300</th><th>X350</th><th>X400</th><th>X450</th><th>X500</th><th>W200</th><th>W300</th></tr>
<tr><td>压缩强度</td><td>kPa</td><td>≥150</td><td>≥200</td><td>≥250</td><td>≥300</td><td>≥350</td><td>≥400</td><td>≥450</td><td>≥500</td><td>≥200</td><td>≥300</td></tr>
<tr><td>吸水率(浸水 96h)</td><td>%(体积分数)</td><td colspan="2">≤1.5</td><td colspan="6">≤1.0</td><td>≤2.0</td><td>≤1.5</td></tr>
<tr><td>透湿系数(23±1℃，RH50±5%)</td><td>ng/(m・s・Pa)</td><td colspan="2">≤3.5</td><td colspan="3">≤3.0</td><td colspan="3">≤2.0</td><td>≤3.5</td><td>≤3.0</td></tr>
<tr><td>导热系数(25℃)</td><td>W/(m・K)</td><td colspan="5">≤0.030</td><td colspan="3">≤0.029</td><td>≤0.035</td><td>≤0.032</td></tr>
<tr><td>尺寸稳定性(70±2℃，48h)</td><td>%</td><td colspan="2">≤2.0</td><td colspan="3">≤1.5</td><td colspan="3">≤1.0</td><td>≤2.0</td><td>≤1.5</td></tr>
</table>

硬质聚氨酯泡沫塑料产品每批不超过 500m^3，每批取三块产品进行复检，复检的项目包括密度、压缩性能(压缩强度)、导热系数、尺寸稳定性、水蒸汽透湿系数、吸水率和燃烧性能。其性能应符合表 3-84 的要求。

硬质聚氨酯泡沫塑料主要物理性能　　表 3-84

<table>
<tr><th colspan="4" rowspan="3">项　目</th><th colspan="4">类　型</th></tr>
<tr><th colspan="2">Ⅰ</th><th colspan="2">Ⅱ</th></tr>
<tr><th>A</th><th>B</th><th>A</th><th>B</th></tr>
<tr><td colspan="4">密度(kg/m^2)</td><td>30</td><td>30</td><td>30</td><td>30</td></tr>
<tr><td colspan="4">压缩性能：屈服点时或变形 10%的压缩应力(kPa)　≥</td><td>100</td><td>100</td><td>150</td><td>150</td></tr>
<tr><td colspan="4">导热系数 [W/(m・K)]　≤</td><td>0.022</td><td>0.027</td><td>0.022</td><td>0.027</td></tr>
<tr><td colspan="4">尺寸稳定性(70℃，48h)(%)　≤</td><td>5</td><td>5</td><td>5</td><td>5</td></tr>
<tr><td colspan="4">水蒸气透湿系数(23±2℃/0～85%RH)(ng/Pa・m・s)　≤</td><td colspan="2">6.5</td><td colspan="2">6.5</td></tr>
<tr><td colspan="4">吸水率 V_W/V　≤</td><td colspan="2">4</td><td colspan="2">3</td></tr>
<tr><td rowspan="5">燃烧性</td><td rowspan="2">Ⅰ级</td><td rowspan="2">垂直燃烧性</td><td>平均燃烧时间(s)　≤</td><td colspan="2">30</td><td colspan="2">30</td></tr>
<tr><td>平均燃烧高度(mm)　≤</td><td colspan="2">250</td><td colspan="2">250</td></tr>
<tr><td rowspan="2">Ⅱ级</td><td rowspan="2">水平燃烧性</td><td>平均燃烧时间(s)　≤</td><td colspan="2">90</td><td colspan="2">90</td></tr>
<tr><td>平均燃烧范围(mm)　≤</td><td colspan="2">50</td><td colspan="2">50</td></tr>
<tr><td>Ⅲ级</td><td colspan="2">非阻燃性</td><td colspan="2">无需求</td><td colspan="2">无需求</td></tr>
</table>

柔性泡沫橡塑绝热制品每批不超过 500m^3，每批取三块产品进行复检，常规复检的项目包括体积密度、导热系数(平均温度 40℃)、真空吸水率、尺寸稳定性、透湿性能、压缩回弹率、抗老化等。若设计规范中对产品防水性能有要求时，应进行燃烧性能的测定。其性能应符合表 3-85 的要求。

柔性泡沫橡塑主要物理性能 表 3-85

项 目		单位	性能指标			
			Ⅰ		Ⅱ	
			管	板	管	板
体积密度		Kg/m³	40～95		40～110	
燃烧性能		—	B1		B2	
导热系数(平均温度 40℃)		W/(m·K)	≤0.043		≤0.046	
透湿性能	透湿系数	ng/(m·s·Pa)	$\leqslant 4.4\times10^{-10}$			
	湿阻因子		$\geqslant 4.5\times10^{2}$			
真空吸水率		%	≤10			
尺寸稳定性(105±3℃)		%	≤10			
压缩回弹率(压缩率 50%，压缩时间 72h)		%	≥70			
抗老化性(150h)		—	轻微起皱，无裂纹，无针孔，不变形			

（七）有机泡孔绝热材料的储存

有机泡孔绝热材料一般可用塑料袋或塑料捆扎带包装。由于是有机材料，在运输中应远离火源、热源和化学药品，以防止产品变形、损坏。产品堆放在施工现场时，应放在干燥通风处，应避免日光暴晒，风吹雨淋，不能靠近火源、热源和化学药品，一般在 70℃以上，泡沫塑料产品会产生软化、变形甚至熔融现象，对于柔性泡沫橡塑产品，温度不宜超过 105℃。产品堆放时不可受到重压或其他机械损伤。

二、无机纤维状绝热材料

无机纤维状绝热材料是指天然的或人造的以无机矿物为基本成分的纤维材料。这类绝热材料主要包括岩棉、矿渣棉、玻璃棉以及硅酸铝棉等人造无机纤维状材料。该类材料在外观上具有相同的纤维形态和结构，具有密度低、导热系数小、不燃烧、耐腐蚀、化学稳定性强等优点。因此这类材料广泛地被用做建筑物保温、隔热。

（一）岩棉、矿渣棉及其制品

这类材料耐高温、导热系数小、不燃、耐腐蚀、化学稳定性强，已大量用在建筑物中起隔热作用。

（二）玻璃棉及制品

玻璃棉制品是在玻璃纤维中，加入一定的胶粘剂和其他添加剂，经固化、切割、贴面等工序而制成。

玻璃棉制品被广泛用于建筑物的保温、绝热材料。玻璃棉制品按产品的形态可分为玻璃棉板、玻璃棉带、玻璃棉毯和玻璃棉管壳。用于建筑物隔热的玻璃棉制品主要有玻璃棉毯和玻璃棉板。

玻璃棉产品的外观质量要求表面平整，不能有妨碍使用的伤痕、污痕、破损，树脂分布基本均匀。制品若有外覆层，外覆层与基材的粘结应平整牢固。

（三）硅酸铝棉及其制品

硅酸铝棉制品是在硅酸铝纤维中添加一定的胶粘剂制成的。产品具有轻质、理化性能稳定、耐高温、导热系数低、耐酸碱、机械性能和填充性能好等优良性能。在建筑领域应用不多。

（四）无机纤维类绝热材料产品验收

1. 资料验收

资料验收包括产品质量保证书、产品合格证和相关性能的检测报告。

应注意产品质量保证书上是否包含有：产品名称、商标、生产企业名称、详细地址、产品净重或数量、生产日期或批号、产品主要性能指标、产品“怕湿”标志，重要的是是否有指导使用温度的提示语，如“使用该产品工作温度应不超过××℃”。

产品进场后，供货方应提供该产品相关的检测报告，在查看检测报告时应注意进场产品的规格型号与报告中的规格型号是否相符；报告是否有计量章(CMA章)等。

2. 实物验收

产品进场时要仔细核对产品的品种、规格、外观尺寸是否符合设计要求，特别是产品的厚度直接与绝热效果相关。

在自然光线下对产品进行外观质量检查，结果应符合种类产品的外观质量要求。

产品进场后，同一厂家生产的同一品种、同一类型的材料至少抽取一组样品进行复检。

岩棉、矿渣棉、玻璃制品棉抽取三块制品进行复检。常规检验包括：密度、纤维平均直径、渣球含量、导热系数、有机物含量、热荷重收缩温度。用于建筑物填充绝热材料，还应检测产品的不燃烧性能。对于防水制品还应检测其吸湿率、憎水率、吸水性。

（五）无机纤维类绝热材料储存

无机纤维类绝热材料一般防水性能较差，一旦产品受潮、淋湿，则产品的物理性能特别是导热系数会变大。因此，这类产品在包装时应采用防潮材料包装，并在醒目位置注明“怕湿”等标志。

产品应储存在有顶库房内，地上垫上木块等物品以防产品浸水，库房应干燥通风。堆放时应注意不能把重物堆放在产品上面。

三、无机多孔状绝热材料

无机多孔状绝热材料是指以具有绝热性能的低密度非金属颗粒状、粉末状材料为基料制成的硬质绝热材料。它包括膨胀珍珠岩及其制品、硅酸钙制品、泡沫玻璃绝热制品、膨胀蛭石及其制品。这类产品密度较低、绝热性能较好，具有良好的力学性能。因此广泛地用于建筑工程中。

（一）无机多孔状绝热材料产品验收

1. 资料验收

资料验收包括产品质量保证书、产品合格证和相关性能的检测报告。

应注意产品质量保证书上是否包含有：产品名称、商标、生产企业名称、详细地址、产品净重或数量、生产日期或批号、产品主要性能指标、产品“怕湿”标志等。对于硅酸钙制品还应注意质量保证书上注明的最高使用温度。

有些产品如膨胀珍珠岩、泡沫玻璃等，要注意合格证的标识上是否注明产品的等级。若未注明，应让供应商提供产品的等级。

2. 实物验收

(1) 产品进场时，要仔细核对产品的品种、规格、外观质量和尺寸是否符合要求。

(2) 产品进场后，同一厂家生产的同一品种、同一类型的材料至少抽取一组样品进行复检。

(二) 无机多孔状绝热材料的储存

无机多孔状材料吸水性好，一旦受潮或淋雨，产品的机械强度会降低，绝热性能显著下降。这类产品比较疏松，不宜剧烈碰撞。因此在包装时，必须用包装箱包装，并采用防潮材料覆盖在包装上，应在醒目位置注明“怕湿”、“防止翻滚”等标识。产品应储存在有顶库房内，地上垫上木块等物品以防产品浸水，库房应干燥通风。泡沫玻璃制品在仓库堆放时，注意堆垛层高，防止产品跌落损坏。

第四章　装饰工程材料

建筑装饰材料，也称为建筑装修材料、饰面材料，是在建筑施工中，当结构和水暖电管道安装等工程基本完成，在最后装修阶段所使用起装饰效果的材料。

建筑装饰材料是建筑装饰工程的物质基础。建筑装饰工程的总体效果、功能的实现，无不通过运用装饰材料及其配套产品的色彩、光泽、质地、纹理、图案、形体和性能等体现出来。另一方面，在建筑装饰工程中，装饰材料的费用占建筑装饰工程总造价的50%～70%。因此，我们从事材料管理的技术员和施工技术员，都必须熟悉装饰材料的种类、性能、特点以及价格，掌握各类材料的变化规律，善于在不同的工程和使用条件下，正确、合理、艺术地选用不同的装饰材料，充分发挥每一种装饰材料的作用，做到材尽其能、物尽其用，从而满足建筑装饰的各项要求。

一、材料的功能

装饰材料敷设在建筑物的表面，借以美化建筑物与环境，也起着保护建筑物、延长建筑物使用寿命的作用。现代装饰材料还兼有其他功能，如防火、防霉、保温隔热和隔声等。根据建筑物的部位不同，所用装饰材料的功能也不一致。

1. 室外装饰材料的功能

室外装饰的目的应兼顾建筑物的美观和对建筑物的保护作用。建筑物外墙与屋顶直接与大自然接触，在长期使用过程中经常会受到日晒、雨淋、风吹、冰冻等作用，也经常会受到腐蚀性气体和微生物的侵蚀，使其出现粉化、裂缝，甚至脱落等现象，影响到建筑物的耐久性。选择材料性能适当的室外装饰材料，不仅能对建筑物起到良好的装饰功能，而且能有效地提高建筑物的耐久性，降低维修费用。

2. 室内装饰材料的功能

室内装饰主要指内墙装饰、地面装饰和顶棚装饰。室内装饰的目的是美化并保护主体结构，创造一个舒适、整洁、美观的生活和工作环境。室内装饰材料除了具有装饰功能和保护功能外，还应具有室内环境调节功能。

二、建筑装饰材料的分类

现代建筑装饰材料发展迅速，品种繁多，要掌握和了解每种材料是很难实现的，只有按照材料类别才能弄清各种装饰材料的基本性能和共同特点。因此，建筑装饰材料的分类具有十分重要的意义。

建筑装饰材料常见的分类方法主要有以下几种。

1. 按建筑装饰材料的使用部位分类

这种分类方法便于材料管理人员和工程技术人员选用建筑装饰材料，因而各种建筑装饰材料手册均按此方法分类。

(1) 外墙装饰材料如天然石材、人造石材、建筑陶瓷、玻璃制品、水泥、装饰混凝土、外墙涂料、铝合金等。

(2) 内墙装饰材料如天然石材、人造大理石、建筑陶瓷、内墙涂料、墙纸、墙布、织物类、玻璃制品及木制品等。

(3) 地面装饰材料如地毯类、塑料地板、陶瓷地砖、石材、木地板、地面涂料及抗静电地板等。

(4) 顶棚装饰材料如石膏板、壁纸装饰顶棚、贴塑矿棉装饰板、矿棉装饰吸声板、膨胀珍珠岩装饰吸声板、铝合金吊顶板、塑料吊顶板、有机玻璃板及各类顶棚龙骨材料等。

2. 按化学成分分类

这种方法便于学习、掌握建筑装饰材料的基本知识和基本理论。见表 4-1。

按装饰材料的化学成分分类 **表 4-1**

<table>
<tr><td rowspan="13">建筑装饰材料</td><td rowspan="7">无机装饰材料</td><td rowspan="2">金属装饰材料</td><td colspan="2">黑色金属：钢、不锈钢、彩色涂层钢板、彩色不锈钢板等</td></tr>
<tr><td colspan="2">有色金属：铝及铝合金、铜及铜合金等</td></tr>
<tr><td rowspan="5">非金属装饰材料</td><td colspan="2">天然石材：花岗石、大理石等</td></tr>
<tr><td colspan="2">烧结与熔融制品：烧结砖、陶瓷、玻璃及制品、矿棉及制品等</td></tr>
<tr><td rowspan="2">胶凝材料</td><td>水硬性胶凝材料：白色水泥、彩色水泥及各种水泥等</td></tr>
<tr><td>气硬性胶凝材料：石膏及制品、水玻璃、菱苦土等</td></tr>
<tr><td colspan="2">装饰混凝土及装饰砂浆、白色及彩色硅酸盐制品等</td></tr>
<tr><td rowspan="2">有机材料</td><td colspan="3">植物材料：木材、竹材等</td></tr>
<tr><td colspan="3">合成高分子材料：各种建筑塑料及制品、涂料、胶粘剂、密封材料等</td></tr>
<tr><td rowspan="4">复合材料</td><td>无机复合材料</td><td colspan="2">装饰混凝土、装饰砂浆等</td></tr>
<tr><td rowspan="2">有机复合材料</td><td colspan="2">树脂基人造装饰材料、玻璃纤维增强塑料(玻璃钢)等</td></tr>
<tr><td colspan="2">胶合板、竹胶板、纤维板、宝丽板等</td></tr>
<tr><td>其他复合材料</td><td colspan="2">涂塑钢板、钢塑复合门窗、涂塑铝合金板等</td></tr>
</table>

3. 按建筑装饰材料的燃烧性能分类

(1) A 级：具有不燃性，如嵌装式石膏板、花岗石等。

(2) B1 级：具有难燃性，如装饰防火板、阻燃墙纸等。

(3) B2 级：具有可燃性，如胶合板、墙布等。

(4) B3 级：具有易燃性，如油漆、酒精等。

4. 按建筑装饰材料的用途分类

(1) 骨架材料：如顶棚木龙骨、铝合金龙骨，轻钢龙骨等。

(2) 饰面材料：如大理石、玻璃、铝合金装饰板等。

(3) 胶粘剂：如塑料地板胶粘剂、塑料管道胶粘剂、多用途建筑胶粘剂等。

5. 按建筑装饰材料性状分类

(1) 抹灰材料：如水泥砂浆、水刷石、水磨石等。

(2) 块材：如花岗石、无釉面砖、瓷砖等

(3) 板材：如石膏板、宝丽板、胶合板、镁铝曲板等。

(4) 油漆涂料：如803内墙涂料、过氯乙烯外墙涂料、氯化橡胶涂料等。

第一节 装 饰 石 材

建筑装饰石材是指能在建筑物上作为饰面材料的石材，它包括天然和人造石材两大类。

天然石材指天然大理石、天然花岗石和石灰石等，它是一种具有悠久历史的建筑装饰材料，不仅具有较高的强度、刚度以及耐磨性、耐久性等优良性能，而且通过表面处理可以获得优良的装饰效果。人造石材是近年来发展起来的一种新型建筑装饰材料，包括人造大理石、人造花岗石、水磨石及其他人造石材。在产品性能、产品价格及装饰效果等方面，均有很大的优越性，因此，成为一种具有良好发展前途的建筑装饰材料。

一、石材品种

天然石材日常使用中主要分为两种：大理石和花岗石。一般来说，凡是有纹理的，称为大理石，以斑点为主的称为花岗石，这是从广义上来讲的。这两种天然石材也可以从地质概念来区分。花岗石是火成岩，也叫酸性结晶深成岩，是火成岩中分布最广的一种岩石，它由长石、石英和云母组成，其成分以二氧化硅为主，约占65%～75%，岩质坚硬密实。大理石主要由方解石、石灰石、蛇纹石和白云石组成，其主要成分以碳酸钙为主，约占50%以上，其他还有碳酸镁、氧化钙、氧化锰和二氧化硅等。由于大理石一般都含有杂质，而且碳酸钙在大气中受二氧化碳、碳化物、水的作用，也容易风化和溶蚀，而且表面很快失去光泽，大理石一般质地较软，这是相对花岗石而言的。

人造石材则是以不饱和聚酯、树脂为胶粘剂，配以天然大理石或方解石、白云石、硅砂、玻璃粉等无机粉料，以及适量的阻燃剂、颜色等，经配料混合、浇铸、振动压缩、挤压等方法成型固化制成的一种人造石材。

二、质量要求

(一) 天然花岗石

天然花岗石按形状分为：普型板材(N)、异型板材(S)。普型板材是指正方形或长方形的板材，异型板材是指其他形状的板材。按表面加工程度分为：亚光板(RB)、镜面板(PL)、粗面板(RU)。按质量分为：优等品(A)、一等品(B)、合格品(C)。

天然花岗石板材的命名顺序是：荒料产地名称、花纹色调特征名称、花岗石(G)。

天然花岗石板材的标记顺序为：命名、分类、规格尺寸、等级、标准号。

例：用山东济南黑色花岗石荒料生产的400mm×400mm×20mm的普型镜面优等品板材，其命名和标记如下：

命名：济南青花岗石

标记：济南青(G)NPL400×400×20AJC205

N——普型板；PL——镜面板；A——质量等级；JC——住房和城乡建设部建筑材料标准。

天然花岗石的质量要求有以下几项：

(1) 尺寸允许偏差。

(2) 平面度允许公差。

(3) 角度允许公差。

(4) 外观质量。

(5) 镜面板材的镜向光泽度。

(6) 物理性能指标。见表 4-2 规定。

天然花岗石物理性能指标 **表 4-2**

项目	指标	项目	指标
密度(kg/m^3)	≥2560	干燥抗弯强度(MPa)	≥8.0
吸水率(%)	≤0.60	饱和水抗弯强度(MPa)	
干燥抗压强度(MPa)	≥100.0		

(7) 放射性应符合《建筑材料放射性核素限量》(GB 6566—2001)标准中规定。

(二) 天然大理石

天然大理石按形状分为：普型板材(N)、异型板材(S)。按质量分为：优等品(A)、一等品(B)、合格品(C)。

大理石板材的命名顺序为：荒料产地名称、花纹色调特征名称、大理石(M)。

天然大理石标记顺序为：命名、分类、规格尺寸、等级、标准号。

例：北京房山白色大理石荒料生产的 600mm×400m×20mm 普型一等品板材，其命名和标记如下：

命名：房山汉白玉大理石

标记：房山汉白玉(M)N600×400×20BJC

天然大理石的质量要求有以下几项：

(1) 尺寸允许偏差。

(2) 平面度允许公差。

(3) 角度允许公差。

(4) 外观质量。

(5) 镜面板材的镜向光泽度。

(6) 物理性能指标。见表 4-3 规定。

天然大理石物理性能指标 **表 4-3**

项目	指标	项目	指标
密度(kg/m^3)	≥2600	干燥抗弯强度(MPa)	≥7.0
吸水率(%)	≤0.50	饱和水抗弯强度(MPa)	
干燥抗压强度(MPa)	≥50.0		

(7) 放射性应符合《建筑材料放射性核素限量》(GB 6566—2001)标准中规定。

(三) 人造石材

人造石材按生产所用原材料分为：水泥型、树脂型、复合型、烧结型。按基体树脂分为：MMA类(聚甲基丙烯酸甲酯为基体)、UPR(不饱和聚酯树脂为基体)。

人造石材的质量要求有以下几项：

(1) 尺寸偏差。

(2) 外观质量。

(3) 巴氏硬度。

(4) 落球冲击。

(5) 冲击韧性不小于 $4kJ/m^2$。

(6) 弯曲强度不小于40MPa，弯曲弹性模量不小于6500MPa。

(7) 耐污染性指数总和不得超过64，最大污迹深度不大于0.12mm。

(8) 耐燃烧性能。

(9) 耐加热性，试样表面无破裂、裂缝、起泡。

(10) 耐高温性能，试样表面无破裂、裂缝、起泡等显著影响。

三、石材验收

石材进场时必须检查验收才能使用，石材进场时必须检查出厂合格证和出厂检验报告。天然石材出厂试验报告中应包括尺寸偏差、平面度公差、角度公差、镜向光泽度、外观质量、放射性指标。人造石材出厂检验报告中应包括尺寸偏差、外观质量、巴氏硬度、落球冲击、香烟燃烧。

(一) 天然花岗石技术要求

1. 普通板尺寸允许偏差见表4-4。

普通板尺寸允许偏差(mm)　　表4-4

项目		亚光面和镜面板			粗面板		
		优等品	一等品	合格品	优等品	一等品	合格品
长度、宽度		0～−1.0			0～−1.0		
厚度	≤	±0.5		±1.0	1.0～−1.5		
	＞	±1.0	±1.5	±2.0	1.0～−2.0	±2.0	2.0～−3.0

2. 普通板平面度允许公差应符合表4-5。

普通板平面度允许公差(mm)　　表4-5

板材长度	亚光面和镜面板			粗面板		
	优等品	一等品	合格品	优等品	一等品	合格品
≤400	0.20	0.35	0.50	0.60	0.80	1.00
＞400，≤800	0.50	0.65	0.80	1.20	1.50	1.80
＞800	0.70	0.85	1.00	1.50	1.80	2.00

3. 普通板角度允许公差应符合表 4-6。

普通板角度允许公差(mm) **表 4-6**

板材长度	优等品	一等品	合格品
≤400	0.30	0.50	0.80
＞400	0.40	0.60	1.00

4. 外观质量

同一批板材的色调应基本调和。花纹应基本一致，板材正面的外观质量应符合表 4-7 的规定。

天然花岗石板材外观质量 **表 4-7**

<table>
<tr><th>缺陷名称</th><th>规定内容</th><th>优等品</th><th>一等品</th><th>合格品</th></tr>
<tr><td>缺棱</td><td>长度不超过 10mm，宽度不超过 1.2mm(长度＜5mm，宽度＜1.0mm 不计)，周边每米长允许个数(个)</td><td rowspan="5">不允许</td><td rowspan="3">1</td><td rowspan="3">2</td></tr>
<tr><td>缺角</td><td>沿板材边长，长度≤3mm，宽度≤3mm(长度≤2mm，宽度≤2mm 不计)，每块板允许个数(个)</td></tr>
<tr><td>裂纹</td><td>长度不超过两端顺延至板边总长度的 1/10(长度小于 20mm 的不计)，每块板允许条数(条)</td></tr>
<tr><td>色斑</td><td>面积不超过 15mm×30mm(面积小于 10mm×10mm 不计)，每块板允许个数(个)</td><td rowspan="2">2</td><td rowspan="2">3</td></tr>
<tr><td>色线</td><td>长度不超过两端顺延至板边总长度的 1/10(长度小于 40mm 的不计)，每块板允许条数(条)</td></tr>
</table>

注：干挂板材不允许有裂纹存在。

5. 镜面板材的镜向光泽度应不低于 80 光泽单位或按供需双方协商确定。

（二）天然大理石技术要求

1. 普型板尺寸允许偏差见表 4-8。

普型板尺寸允许偏差(mm) **表 4-8**

项目		等级		
		优等品	一等品	合格品
长度、宽度		0～－1.0		0～－1.5
厚度	≤12	±0.5	±0.8	±1.0
	＞12	±1.0	±1.5	±2.0

2. 普型板平面度允许公差应符合表 4-9。

普型板平面度允许公差(mm) **表 4-9**

板材长度	优等品	一等品	合格品
≤400	0.20	0.30	0.50
＞400，≤800	0.50	0.60	0.80
＞800	0.70	0.80	1.00

3. 普型板角度允许公差应符合表 4-10。

普型板角度允许公差(mm) 表 4-10

板材长度	优等品	一等品	合格品
≤400	0.30	0.40	0.50
>400	0.40	0.50	0.70

4. 外观质量

同一批板材的色调应基本调和。花纹应基本一致，板材正面的外观质量应符合表 4-11 的规定。

天然大理石板材外观质量 表 4-11

缺陷名称	规定内容	优等品	一等品	合格品
缺棱	长度不超过 8mm，宽度不超过 1.5mm(长度≤4mm，宽度≤1.0mm 不计)，每米长允许个数(个)	不允许	1	2
缺角	沿板材边长，长度≤3mm，宽度≤3mm(长度≤2mm，宽度≤2mm 不计)，每块板允许个数(个)		1	2
裂纹	长度超过 10mm 的不允许条数(条)		0	0
色斑	面积不超过 $600mm^2$(面积小于 $200mm^2$ 不计)，每块板允许个数(个)		1	2
砂眼	直径在 2mm 以下		不明显	不影响装饰效果

注：板材允许粘结和修补，粘结和修补后应不影响装饰效果和物理性能。

5. 镜面板材的镜向光泽度应不低于 70 光泽单位或按供需双方协商确定。

(三) 人造石材技术要求

1. 尺寸偏差

长度、宽度、厚度偏差的允许值为规定尺寸的±0.3%。

2. 对角线偏差

同一块板材对角线最大差值不大于 10mm。

3. 平整度

平整度公差的允许值应不大于规定厚度的 5%。

4. 边缘不直度

板材边缘不直度不大于 1.5mm/m。

5. 外观质量应符合表 4-12 规定。

人造石材外观质量 表 4-12

项 目	要 求
色 泽	色泽均匀一致，不得有明显色差
板 边	板材四边平整，表面不得有缺棱掉角现象
花纹图案	图案清晰、花纹明显；对花纹图案有特殊要求的，由供需双方商定
表 面	光滑平整，无波纹、方料痕、刮痕、裂纹，不允许有气泡、杂质
拼 接	拼接不得有缝隙

6. 巴氏硬度

板材的巴氏硬度：PMMA 类不小于 58；UPR 类不小于 50。

落球冲击表面无破碎和碎片。

7. 耐燃烧性能

香烟燃烧不得有明火燃烧或阴燃。

产品包装箱上应标有企业名称和地址、产品名称、型号规格、商标、数量、质量等级、生产日期、执行标准的编号、规格尺寸。

（四）建筑装饰石材的质量验收和储运

(1) 天然石材的优劣取决于荒料的品质和加工工艺。优质的石材表面，不含太多的杂色，布色均匀，没有忽浓忽淡的情况，而次质的石材经加工后会有很多无法弥盖的缺陷，因此，石材表面的花纹色调是评价石材质量优劣的重要指标。如果加工技术和工艺不过关，加工后的成品就会出现翘曲、凹陷、色斑、污点、缺棱掉角、裂纹、色线、坑窝等现象，优质的天然石材，应该是板材切割边整齐无缺角，表面光洁、亮度高，用手摸没有粗糙感。工程上采购天然石材时应注意以上几点，其次还应注意石材背面是否有网络，出现这种情况有两种：①石材本身较脆，必须加网络。②偷工减料，这些石材的厚度被削薄了，强度不够，所以加了网络，一般颜色较深的石材如果有网络，多数是这个因素。天然石材应根据不同的部位使用不同的石材，在室内装修中，电视机台面、窗台台面、室内地面等适合使用大理石。而门槛、厨柜台面、室外地面、外墙适合使用花岗石。按不同使用部位确定放射性 A、B、C 类，应查看检验报告，并且应该注意检验报告的日期，由于同一品种的石材因矿点、矿层、产地的不同其放射性都存在很大的差异，所以在选择和使用石材时，不能单一只看一份检验报告，工程上在使用时应分批或分阶段多次检测。

(2) 人造石材在选择时应注意以下几个方面：①从表面上看，优质产品打磨抛光后表面晶莹光亮，色泽纯正，用手抚摸有天然石材的质感，无毛细孔；劣质产品表面发暗，光洁度差，颜色不纯，用手抚摸有毛细孔（对着光线 45°角斜视，像针眼一样的气孔）。②优质产品具有较强的硬度和机械强度，用最尖锐的硬质塑料划其表面不会留下划伤，劣质产品质地较软，容易划伤，而且容易变形。③优质产品容易打磨，加工开料时，劣质产品会发出刺鼻的味道。④把一块人造石材使劲往水泥地上摔，劣质的人造石材将会摔成粉碎性的很多小块；优质的人造石材顶多摔成二、三块，若用力不够还能从地上弹起。⑤取一块细长的人造石材小条，放在火上烧，劣质人造石材很容易燃烧，且燃烧得很旺；优质人造石材除非加上助燃的物质不会燃烧，而且燃烧后能自动熄灭。

(3) 石材进入现场后应进行复检，天然石材同一品种、类别、等级的板材为一批；人造石材同一配方、同一规格和同一工艺参数的产品每 200 块为一批，不足 200 块以一批计。

(4) 天然石运输过程中应防碰撞、滚摔，板材应在室内存放，室外储存时，应加以遮盖，按板材品种、规格、等级或装修部位分别码放，码放高度不超过

1.6m，散置板材应直立堆垛，并光面相对，顺序倾斜放置，倾斜度不大于15°。底层与每层间须用弹性材料支垫。

(5) 人造石材应储存于阴凉、通风干燥的库房内，距热源不小于1m，储存期超过6个月时，应重新检测后方可交付使用。

第二节 建筑玻璃

玻璃是一种非晶态固体，具有长程无序短程有序的结构特征，在热力学上处于介稳状态。建筑玻璃以硅酸盐系统为基础，这类系统的高温熔体具有较高的黏度，在快速冷却时，结晶过程的有序排列过程难以发生，因而在低温下保留了高温熔体的结构特征。

早期玻璃在建筑上主要用于封闭、采光和装饰，应用的品种主要是平板玻璃和各种装饰玻璃(彩色玻璃、镭射玻璃、压花玻璃、磨花玻璃及刻蚀玻璃)。随着建筑业和玻璃制造业的发展，功能性建筑玻璃应用日趋广泛，其功能也延伸到节能、环保等领域。在节能上所应用的玻璃有中空玻璃、吸热玻璃和热反射玻璃等；在环保上所应用的玻璃具有隔声功能的中空玻璃、夹层玻璃，能隔绝紫外线的防紫外线夹层玻璃等。同时现代建筑玻璃的发展是向高强度和高安全性发展，如各种钢化玻璃、贴膜玻璃、夹层玻璃等。我们主要介绍建筑工程中最常用的普通平板玻璃、浮法玻璃、中空玻璃、钢化玻璃、夹层玻璃。

一、建筑玻璃的品种及规格

(一) 普通平板玻璃

普通平板玻璃主要是厚度在5mm以下的薄玻璃，其平整度与厚薄差指标都相对较差。它主要用于普通民用建筑的门窗玻璃，质量好的可作某些深加工玻璃的原材料。

普通平板玻璃按厚度分为：2mm、3mm、4mm、5mm四种规格。

(二) 浮法玻璃

浮法玻璃各项性能均优于普通平板玻璃，它既可以用于较高档的建筑工程，又是各种深加工玻璃(中空、钢化、夹层等)的主要原材料。

浮法玻璃的厚度规格有：2mm、3mm、4mm、5mm、6mm、8mm、10mm、12mm、15mm、19mm共十种。

(三) 钢化玻璃

钢化玻璃的强度、抗冲击性、耐急冷急热性能较高。

钢化玻璃的抗弯强度是普通平板玻璃的2.5倍；抗冲击强度是普通玻璃的3～5倍；承受温度突变范围为250～320℃，而普通平板玻璃仅为70～100℃。当钢化玻璃破碎时，无锋利尖锐的碎片，具有较高的使用安全性。

由于钢化玻璃具有较高的强度和破碎的安全性，在建筑工程中常用于建筑物的幕墙、门窗、自动扶梯拦板。

钢化玻璃的厚度规格有：4mm、5mm、6mm、8mm、10mm、12mm、15mm、19mm八种。

（四）夹层玻璃

夹层玻璃一般是由两片平板玻璃和玻璃间的胶合层构成，也有三层玻璃和两层胶合层或更多层复合在一起的夹层玻璃。夹层玻璃胶合层材料是弹塑性材料，柔软而强韧，因此夹层玻璃不但具有较高的强度，而且在受到破坏时，产生辐射状裂纹或圆形裂纹，碎片不易脱落，夹层玻璃对声波的传播能起到较好的控制作用，具有良好的隔声效果。建筑用夹层玻璃还能有效地减弱太阳光的透射，防止眩光，不致造成色彩失真，能使建筑物获得良好的装饰效果，并有阻挡紫外线的功能。

（五）中空玻璃

中空玻璃是一种节能型复合玻璃，主要用于建筑物的节能和隔声。中空玻璃是将两片及以上的玻璃组合起来，中间间隔干燥的空气或充入惰性气体，四周用密封材料包裹加工制成。

普通平板玻璃的传热系数为 0.8W/(m^2·K)，而空气的传热系数为 0.03W/(m^2·K)，因此，中空玻璃的隔热性能非常好。由于中空玻璃比普通单层玻璃的热阻大得多，所以可以大大降低结露的温度，而且中空玻璃内部密封，空间的水分被干燥剂吸收，也不会在隔层出现露水。由于空气隔层的作用，中空玻璃能降低噪声 30～40dB。

二、常用建筑玻璃的技术要求

（一）普通平板玻璃

普通平板玻璃根据其厚度允许偏差和外观质量分为：优等品、一等品、合格品三个等级。不同等级的普通平板玻璃其质量的要求各不相同。

1. 普通平板玻璃厚度允许偏差见表 4-13。

普通平板玻璃厚度允许偏差 **表 4-13**

玻璃厚度(mm)	允许偏差(mm)	玻璃厚度(mm)	允许偏差(mm)
2	±0.20	4	±0.20
3	±0.20	5	±0.25

2. 普通平板玻璃的外观质量要求见表 4-14。

普通平板玻璃的外观质量要求 **表 4-14**

缺陷种类	说明	优等品	一等品	合格品
波筋	不产生变形的最大入射角	60°	45° 50mm 边部 45°	30° 100mm 边部 0°
气泡	长度 1mm 以下	集中的不许有	集中的不许有	—
	长度大于 1mm；每“m^2”允许个数	≤6mm，6	≤8mm，8	≤10mm，12
划伤	宽≤0.1mm，每“m^2”允许条数	长≤50mm 3	长≤100mm 3	—
	宽>0.1mm，每“m^2”允许条数	不允许	宽≤0.4mm 长<100mm 1	宽≤0.8mm 长<100mm 3

续表

缺陷种类	说明	优等品	一等品	合格品
砂粒	非破坏性的，直径为0.5～2mm，每"m^2"允许个数	不允许	3	8
疙瘩	非破坏性的疙瘩及范围直径≤3mm，每"m^2"允许个数	不允许	1	3
线道	正面可以看到的每片玻璃允许条数	不允许	30mm边部 宽≤0.5mm 1	宽≤0.5mm 2
麻点	表面呈现集中麻点	不允许	不允许	每m^2≤3处
	稀疏麻点每"m^2"允许个数	10	15	30

（二）浮法玻璃

1. 建筑浮法玻璃厚度允许偏差见表4-15。

建筑浮法玻璃厚度允许偏差 **表4-15**

玻璃厚度(mm)	允许偏差(mm)	玻璃厚度(mm)	允许偏差(mm)
2、3、4、5、6	±0.20	15	±0.60
8、10	±0.30	19	±1.00
12	±0.40		

2. 建筑浮法玻璃的外观质量要求见表4-16。

建筑浮法玻璃的外观质量要求 **表4-16**

缺陷种类	质量要求			
气泡	长度及个数允许范围			
	长度L(mm) 0.5≤L≤1.5	长度L(mm) 1.5≤L≤3.0	长度L(mm) 3.0≤L≤5.0	长度L(mm) L>5.0
	5.5×S，个	1.1×S，个	0.44×S，个	0，个
夹杂物	长度及个数允许范围			
	长度L(mm) 0.5≤L≤1.0	长度L(mm) 1.0≤L≤2.0	长度L(mm) 2.0≤L≤3.0	长度L(mm) L>3.0
	2.2×S，个	0.44×S，个	0.22×S，个	0，个
点状缺陷密集度	长度>1.5mm的气泡和长度>1.0mm的夹杂物：气泡与气泡、夹杂物与夹杂物或气泡与夹杂物的间距应>300mm			
线道	照明良好条件下，距离600mm肉眼不可见			
划伤	长度及宽度允许范围、条数：长60mm，宽0.5mm，3×S条			
光学变形	入射角：2mm40°；3mm45°；4mm以上50°			
表面裂纹	照明良好条件下，距离600mm肉眼不可见			
断面缺陷	爆边、凹凸、缺角等不应超过玻璃板的厚度			

注：S为玻璃板面积(mm^2)。

（三）钢化玻璃

钢化玻璃分为优等品和合格品两个质量等级。

1. 钢化玻璃尺寸允许偏差见表 4-17。

钢化玻璃尺寸允许偏差(mm) **表 4-17**

厚度	长(宽)$L\leqslant1000$	$1000<L\leqslant2000$	$2000<L\leqslant3000$	厚度允许偏差
4、5、6	−2～+1	±3	±4	±0.3
8、10	−3～+2	±3	±4	±0.6
12	−3～+2	±3	±4	±0.8
15	±4	±4	±4	±0.8
19	±5	±5	±6	±1.2

2. 钢化玻璃的外观质量要求见表 4-18。

钢化玻璃的外观质量要求 **表 4-18**

缺陷名称	说明	允许缺陷数	
		优等品	合格品
爆边	每片玻璃每米边长上允许有长度不超过10mm，自玻璃边部向玻璃板表面延伸深度不超过2mm，自板面向玻璃厚度延伸不超过玻璃厚度1/3	不允许	不允许
划伤	宽度小于0.1mm的轻微划伤，每"m^2"面积内允许存在条数	长≤50mm，4	长≤100mm，4
	宽度大于0.1mm的轻微划伤，每"m^2"面积内允许存在条数	宽0.1～0.5mm、长≤50mm，1	宽0.1～1.0mm、长≤100mm，4
夹钳印	夹钳印中心与玻璃边缘的距离	玻璃厚度≤9.5mm，≤13mm	
		玻璃厚度>9.5mm，≤19mm	
结石、裂纹、缺角	不允许存在		
波筋、气泡	优等品符合建筑浮法玻璃的技术要求；合格品符合普通平板玻璃一等品的要求		

（四）夹层玻璃

1. 夹层玻璃尺寸允许偏差见表 4-19。

夹层玻璃尺寸允许偏差(mm) **表 4-19**

总厚度(D)	长度或宽度(L)	
	$L\leqslant1200$	$1200<L<2400$
$4\leqslant D<6$	−1～+2	—
$6\leqslant D<11$	−1～+2	−1～+3
$11\leqslant D<17$	−2～+3	−2～+4
$17\leqslant D<24$	−3～+4	−3～+5

2. 夹层玻璃的外观质量要求见表 4-20。

夹层玻璃的外观质量要求 **表 4-20**

缺陷种类	质量要求					
裂纹	不允许					
爆边	长度或宽度不得超过原材料玻璃的厚度					
划伤和磨伤	不得影响使用					
脱胶	不允许					
气泡、中间层杂质、其他不透明点缺陷允许个数：缺陷尺寸 λ(mm)；板面面积 $S(mm^2)$	玻璃层数	0.5<λ<0.1	1.0<λ≤3.0			
		S 不限	S≤1	1<S≤2	2<S≤8	S≥8
	2	不得密集存在	1	2	$1/m^2$	$1.2/m^2$
	3		2	3	$1.5/m^2$	$1.8/m^2$
	4		3	4	$2/m^2$	$2.4/m^2$
	≥5		4	5	$2.5/m^2$	$3/m^2$

(1) 小于 0.5mm 的缺陷不予考虑，不允许出现大于 3mm 的缺陷。

(2) 当出现下列情况之一时，视为密集存在：

① 两层玻璃时，出现不少于 4 个缺陷，且彼此间距不到 200mm；

② 三层玻璃时，出现不少于 4 个缺陷，且彼此间距不到 180mm；

③ 四层玻璃时，出现不少于 4 个缺陷，且彼此间距不到 150mm；

④ 五层玻璃时，出现不少于 4 个缺陷，且彼此间距不到 100mm。

(五) 中空玻璃

1. 中空玻璃尺寸允许偏差见表 4-21。

中空玻璃尺寸允许偏差(mm) **表 4-21**

长(宽)度 L	允许偏差	公称厚度 t	允许偏差
L<1000	±2	t<17	±1.0
1000≤L<2000	-3～+2	17≤t<22	±1.5
L≥2000	±3	t≥22	±2.0

注：中空玻璃的公称厚度为玻璃原片厚度与间隔层厚度之和。

2. 中空玻璃的外观质量要求

中空玻璃的外观质量要求应符合原材料玻璃的标准规定要求，同时，中空玻璃的外观要求不得有妨碍透视的污迹、夹杂物及密封胶飞溅现象。

三、玻璃的验收和储运

(一) 资料验收

对于各类玻璃来说，在工程上验收时，首先要验收供货商提供的各种资料，主要包括出厂合格证、质保书、检验报告。特别要注意的是：安全玻璃还需要检验其 3C 认证的标志及年度监督检查报告，如果中空玻璃的原片玻璃经过钢化，也需追溯检查其钢化玻璃的 3C 认证的标志及年度监督检查报告。根据国家标准的定义，安全玻璃包括钢化玻璃和夹层玻璃。钢化玻璃强度高，是普通玻璃的

2～3 倍，并且破碎后碎片边缘无锋利快口，可保障人体安全；夹层玻璃破坏后碎片粘附在夹层上不脱落，特别适用于高层建筑。

1. 出厂合格证、质保书和 3C 认证

出厂合格证上通常列出该批产品出厂检验的数据，检验人员的工号，并注明该产品是合格产品。

质保书比出厂合格证内容更丰富，是厂商对自己所提供的产品质量的一种承诺，厂家应在质保书上列出该产品出厂检验的检测数据；指明该产品标准(国家标准或行业标准)；标明该产品所属的质量等级；并在质保书上承诺该产品在一定使用年限内保证质量(通常为 3 年或 5 年)。

3C 认证即中国强制认证，英文缩写“CCC”(China Compulsory Certification)，认证标志的基本图案如图 4-1 所示。

图 4-1 3C 认证标志基本图案

在国家认证认可监督委员会的网站上，可以查询强制性认证证书数据库，对产品认证的真实性进行确认。

2. 检验报告

在工程中检查厂商提供的产品检测报告时，要注意报告上应有“CMA”(即计量认证)标志，如果报告上有“CMA”标志，则证明出具该检测报告的检测机构已通过国家认可，管理及技术水平属该领域层次较高的检测机构之一。另外厂商提供的报告还可分为厂商自行送样的检测报告和厂商委托检测机构抽样的检测报告，后者比前者可信度更高。

(二) 产品验收

1. 普通平板玻璃的验收

普通平板玻璃在工程上验收时，要检查厂商的出厂合格证、质保书，检查时应注意产品的质量等级。不同等级的产品外观质量要求各不相同。必要时应该检查该产品的尺寸偏差(表 4-13)和外观指标(表 4-14)。

如果在施工现场验收外观指标时，应在良好的光照条件下，观察距离约 600mm，视线垂直玻璃。如果发现外观、厚度问题需要仲裁，或对其他技术指标如：可见光透射率、弯曲度等进行验收时应委托专业的检验机构。

2. 浮法玻璃的验收

浮法玻璃在工程上验收的内容与普通平板玻璃一样。其尺寸偏差见表 4-15，外观质量要求见表 4-16。

如果在施工现场验收外观指标时，应在良好的光照条件下，观察距离约 600mm，视线垂直玻璃。如果发现外观、厚度问题需要仲裁，或对其他技术指标如：可见光透射率、弯曲度等进行验收时应委托专业的检验机构。

3. 钢化玻璃的验收

钢化玻璃属于安全玻璃，工程上验收时除验收出厂合格证、质保书、近期检测报告外，还必须检查产品是否通过 3C 认证。施工现场可抽查尺寸偏差(表 4-17)和外观质量指标(表 4-18)等。

钢化玻璃的抗冲击性及内部应力状况对其性能非常重要，应要求厂商提供近期型式检测报告。型式检测报告的检测内容包括外观质量、尺寸及偏差、弯曲度、抗冲击性、碎片状态、霰弹袋冲击性能、透射比和抗风压性能。

4. 夹层玻璃的验收

夹层玻璃属于安全玻璃，工程上验收时除验收出厂合格证、质保书、近期检测报告外，还必须检查产品是否通过3C认证。如果制造夹层玻璃的原材料玻璃是钢化玻璃，还需要厂商提供原材料玻璃的3C认证及与3C认证相符合的采购合同资料。施工现场可抽查尺寸偏差(表4-19)和外观质量要求(表4-20)等技术指标。

5. 中空玻璃的验收

中空玻璃在工程上验收时除验收出厂合格证、质保书、近期检测报告。如果制造夹层玻璃的原材料玻璃是钢化玻璃或夹层玻璃，还需要厂商提供原材料玻璃的3C认证及与3C认证相符合的采购合同资料。

现场可抽查尺寸允许偏差(表4-21)。并要求原材料玻璃应符合其相应标准规定的要求。同时，中空玻璃的外观要求不得有妨碍透视的污迹、夹杂物及密封胶飞溅现象。

由于中空玻璃的密封性和耐久性对其性能非常重要，应要求厂商提供近期型式检测报告。型式检测报告的检测内容包括外观质量、尺寸偏差、密封性能、露点、耐紫外线辐射性能、气候循环耐久性能、高温高湿耐久性能。

(三) 运输和储存

由于玻璃是一种脆性材料，又是薄板状材料，运输时应用木箱包装运输。储存和安装要特别注意保护边部，因为破损绝大多数由边部引起。有时边部留下缺陷，虽然当时没有碎，但使用寿命已受到严重影响。施工前，玻璃应储存在干燥、隐蔽的场所，避免淋雨、潮湿和强烈的阳光。在施工现场搬运过程中，应根据玻璃的重量、尺寸、施工现场情况和搬运距离等因素，采用适当的搬运工具和搬运方法。

需要注意的是，玻璃叠放时玻璃与玻璃之间应垫上一层纸，以防再次搬运时，两块玻璃相互吸附在一起。同时，绝对禁止玻璃之间进水，因为这种玻璃之间的水膜不会挥发，它会吸收玻璃的碱，侵蚀玻璃表面，形成白色的无法去除的污迹，像发霉一样。这种现象发生很快，只需一周时间，它就可以使玻璃褪色，强度降低。

第三节 建 筑 门 窗

建筑门窗是建筑外围护结构的重要组成部分，人们通过门窗得到阳光，得到新鲜空气，观赏室外景色，所以门窗必须具有采光、通风、防风雨、保温、隔热、隔声等功能，同时门窗作为建筑外墙和室内装饰的一部分，其分格形式、材质、表面色彩对建筑外立面和室内装饰起着十分重要的作用。随着我国建筑业的不断发展，木门窗、钢门窗、彩色涂层钢板门窗、铝合金门窗、塑料门窗、高性能复合门窗等各种材质的建筑门窗不断出现。

一、建筑门窗的分类和构造

(一) 建筑门窗的分类

1. 按材质分：铝合金门窗、塑料门窗、彩色涂层钢板门窗、钢门窗、木门窗、复合门窗等。

2. 按用途分：普通门窗、保温门窗、隔声门窗、防火门和防爆门等。

3. 按开启分：平开门窗、推拉门窗、固定门窗、弹簧门、滑轴窗、滑轴平开窗、悬转窗、平开下悬门窗等。

4. 按构造分：镶玻璃门、玻璃门、连窗门、单层窗、双层窗、带形窗、组合窗、落地门窗、带纱扇窗、百叶窗等。

本节主要介绍常用的铝合金门窗、塑料门窗、彩色涂层钢板门窗和复合门窗。

(二) 门窗构造及构件名称

门：通常包括固定部分(门框)和一个或一个以上的可开启部分(门扇)，其功能是允许和禁止出入。

窗：通常包括固定部分(窗框)和一个或一个以上的可开启部分(窗扇)，其功能是采光和通风。

基本门窗包括型材(门窗构件)、五金配件(执手、滑撑铰链或平面铰链、滑轮等)、辅助材料(玻璃和密封材料等)等。

门窗外框称为门窗框，它包括上框、边框、中横框、中竖框及下框。门窗可开启或固定扇称为门扇，它包括上梃、中梃、下梃、边梃。其构造见图 4-2。

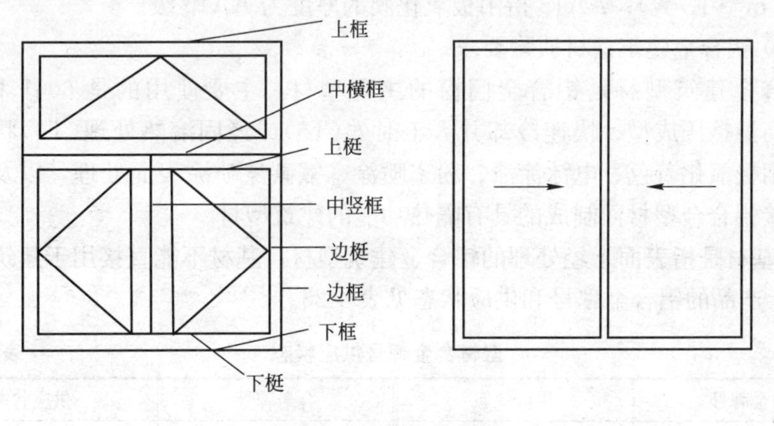

图 4-2 门窗框构造图

二、铝合金门窗

由铝合金型材制作框、扇结构的门窗称为铝合金门窗。铝合金门窗的特点是重量轻、强度高、刚性好，综合性能高、采光面积大、装饰效果好，但因其型材导热系数大，故铝合金门窗的保温隔热性能较差。

(一) 分类及标记方法

1. 铝合金门窗按开启形式区分可分为：固定窗、上悬窗、中悬窗、下悬窗、立转窗、平开窗、滑轴平开窗、滑轴窗、推拉窗、推拉平开窗、平开下悬窗、折叠门、平开门、地弹簧门、平开下悬门等。铝合金门窗主要品种及代号见表 4-22。

铝合金门窗主要品种及代号　　表 4-22

产品名称	平开铝合金窗		平开铝合金门		推拉铝合金窗	
	不带纱扇	带纱扇	不带纱扇	带纱扇	不带纱扇	带纱扇
代号	PLC	APLC	PLM	SPLM	TLC	ATLC

产品名称	推拉铝合金窗		滑轴平开窗	固定窗
	不带纱扇	带纱扇		
代号	TLM	STLM	HPLC	GLC

产品名称	上悬窗	中悬窗	下悬窗	立转窗
代号	SLC	CLC	XLC	LLC

2. 按性能区分可分为：普通型、隔声型、保温型。

3. 标记方法。

铝合金门窗的表示方法是：门窗代号、门窗厚度、洞口尺寸、抗风压性、雨水渗透性(水密性)、空气渗透性(气密性)、隔声值、隔热性、材质表面处理级别。

例如：PLM70-1521-$P_3$2.0-ΔP150-$q_1$1.5-25-0.33-AA15

PLM 指不带纱扇的铝合金平开门；70 指门外框厚度为 70mm；1521 指门洞尺寸为 1500mm×2100mm；$P_3$2.0 指抗风压强度为 2.0kPa；ΔP150 指水密性为 150Pa；$q_1$1.5 指气密性为 1.5(m^3/m·h)；25 指隔声值为 25dB；0.33 指热阻挡为 0.33(m^2·K/W)；AA15 指阳极氧化膜的厚度为 AA15 级。

(二) 铝合金建筑型材质量要求

铝合金建筑型材是铝合金门窗的主要型材，主要使用的是 6061 和 6063、6063A 高温挤压成型、快速冷却并人工时效(T5)或经固溶热处理(T6)状态的型材，经阳极氧化着色、电泳涂漆、粉末喷涂、氟碳漆喷涂表面处理，以及以隔热材料连接铝合金型材而制成的具有隔热功能的建筑型材。

1. 基材是指表面未经处理的铝合金建筑型材，基材不能直接用于建筑物

(1) 产品的铝合金牌号和供应状态见表 4-23。

型材合金牌号供应状态　　表 4-23

合金牌号	供应状态	合金牌号	供应状态
6061	T4、T6	6063、6063A	T5、T6

合金牌号取决于铝合金建筑型材的化学成分。

供应状态 T4、T5、T6 表示热处理状态，T4 为固溶热处理后自然时效至基本稳定状态；T5 为由高温成型过程冷却，然后进行人工时效的状态。

(2) 门窗型材的最小公称壁厚应不小于 1.2mm，外门、外窗用铝合金型材最小实测壁厚应符合《铝合金门窗》(GB/T 8478—2008)的规定：铝合金门窗的受力构件经试验或计算确定，未经表面处理的型材最小实测壁厚铝合金窗应不小于 1.4mm，铝合金门应不小于 2.0mm。

(3) 产品标记。产品标记应按：产品名称、铝合金牌号、供应状态、型材代号与定尺长度、标准号组成。

例如：用6063合金制造，供应状态为T5，型材代号为421001，定尺长度为6000mm的外窗用铝型材，标记为：

外窗型材 6063-T5 421001×6000 GB 5237.1—2004。

2. 阳极氧化、着色型材是表面经阳极氧化、电解着色或有机着色处理的铝合金热挤压型材

(1) 阳极氧化膜是铝合金建筑型材主要质量特性之一，膜厚会影响型材的耐腐蚀性、耐磨性，影响型材的使用寿命，因此阳极氧化膜的厚度级别应根据使用环境加以选择，要求符合表4-24、表4-25的规定，并在合同中注明。未注明时，门窗型材应符合AA15级。

阳极氧化膜厚度级别 **表4-24**

级别	单件平均膜厚(μm)，不小于	单件局部膜厚(μm)，不小于
AA10	10	8
AA15	15	12
AA20	20	16
AA25	25	20

膜厚级别及使用环境 **表4-25**

膜厚级别	使用环境
AA10	用于室外大气清洁，远离工业污染、远离海洋的地方，室内一般情况下均可使用
AA15 AA20	用于有工业大气污染，存在酸碱气氛，环境潮湿或受雨淋，海洋性气候的地方，但上述环境状态都不十分严重
AA20 AA25	用于环境非常恶劣的地方，如长期受大气污染，受潮或雨淋、摩擦，特别是表面可能发生凝霜的地方

局部厚度是在型材装饰面上某个面积不大于1cm² 的考察面内做若干次(不少于3次)膜厚测量所得的平均值。

平均厚度是在型材装饰面测出若干个(不少于5次)局部膜厚的平均值。

(2) 产品标记

产品表面处理方式有：阳极氧化(银白色)、阳极氧化加电解着色、阳极氧化加有机着色。

产品标记按：产品名称(阳极氧化型材用"氧化铝建型"表示，阳极氧化加电解着色型材用"氧化电解铝建型"表示，阳极氧化加有机着色型材用"氧化有机铝建型"表示)、合金牌号、状态、型材代号与定尺长度、颜色、膜厚级别、标准号组成。

例如：用6063合金制造，T5状态，型材代号为421001，定尺长度为

3000mm表面经阳极氧化电解着色处理，中青铜色，膜厚级别为AA15的外窗用型材，标记为：

外窗型材 6063-T5 521001×3000 中青铜 AA15 GB 5237.2—2004。

3. 电泳涂漆型材是表面经阳极氧化和电泳涂漆复合处理的铝合金热挤压型材，简称电泳型材

(1) 电泳型材表面处理方式有：阳极氧化加电泳涂漆和阳极氧化、电解着色加电泳涂漆，其复合膜厚度应符合表4-26规定。合同未注明复合膜厚度级别的，一律按B级供货。

电泳型材复合膜厚度 **表4-26**

级别	阳极氧化膜(μm)		漆膜(μm)	复合膜(μm)
	局部膜厚	平均膜厚	局部膜厚	局部膜厚
A	≥10	≥8	≥12	≥21
B	≥10	≥8	≥7	≥16

在苛刻、恶劣环境条件下的室外用建筑构件应采用A级型材，在一般环境条件下的室外用建筑构件，可采用B级型材。表4-26中的复合膜指标为强制性的。

按照《铝合金门窗》(GB/T 8478—2008)的要求，铝合金门窗可采用B级电泳涂漆型材。型材涂漆后应均匀、清洁，不允许有皱纹、裂纹、气泡、流痕、夹杂物、发黏、漆膜脱落等影响使用功能的缺陷。

(2) 产品标记

产品标记按：产品名称、合金牌号、供应状态、型材代号与定尺长度、颜色、复合膜厚级别、标准号组成。

例如：用6063合金制造，供应状态为T5，型材代号为421001，定尺长度为6000mm，表面处理方式为阳极氧化电解着古铜色加电泳涂漆处理，复合膜厚度级别为A级的外窗用铝型材，标记为：

外窗型材 6063-T5 42101×6000 古铜 A GB 5237.3—2004。

4. 粉末喷涂型材是以热固性饱和聚酯粉作涂层的铝合金热挤压型材，简称粉喷型材

(1) 按照《铝合金门窗》(GB/T 8478—2008)的要求，铝合金门窗装饰面上涂层最大局部厚度不大于120μm，最小局部厚度不大于40μm，由于挤压型材横截面形状的复杂性，致使型材某些表面(如内角、横沟等)涂层厚度低于规定值是允许的，但不允许有露底现象。装饰面上的涂层应平滑、均匀，不允许有皱纹、裂纹、气泡、流痕、夹杂物、发黏等影响使用功能的缺陷。

(2) 产品标记

产品标记按：产品名称、合金牌号、供应状态、型材代号与定尺长度、涂层光泽值、颜色代号级别、标准号组成。

例如：用6063合金制造，供应状态为T5，型材代号为421001，定尺长度为6000mm，涂层的60°光泽值为50个光泽单位，颜色单位为3003的外窗用粉喷型材，标记为：

外窗型材 6063-T5 421001×6000 光 50 色 3003 GB 5237.4—2004。

5. 氟碳漆喷涂型材是以聚偏二氟乙烯漆作涂层的建筑用铝合金热挤压型材，简称喷漆型材

(1) 涂层种类及厚度见表 4-27、表 4-28。

涂 层 种 类　　表 4-27

二涂层	三涂层	四涂层
底漆加面漆	底漆、面漆加清漆	底漆、阻挡漆、面漆加清漆

喷漆型材漆膜厚度　　表 4-28

涂层种类	平均膜厚(μm)	最小局部膜厚(μm)
二涂层	≥30	≥25
三涂层	≥40	≥34
四涂层	≥65	≥55

(2) 按照《铝合金门窗》(GB/T 8478—2008)的要求，铝合金门窗采用氟碳喷涂型材，其膜厚应≥30μm。由于挤压型材横截面形状的复杂性，在型材某些表面(如内角、横沟等)漆膜厚度允许低于规定值，但不允许有露底现象。装饰面上的涂层应平滑、均匀，不允许有皱纹、气泡、流痕、脱落等影响使用功能的缺陷。

(3) 产品标记

产品标记按：产品名称、合金牌号、供应状态、型材代号与定尺长度、涂层光泽值、颜色代号级别、标准号组成。

例如：用 6063 合金制造，供应状态为 T5，型材代号为 421001，定尺长度为 6000mm，涂层的 60°光泽值为 40 个光泽单位的灰色(代号 8399)的外窗用型材，标记为：

外窗型材 6063-T5 421001×6000 光 40 色 8399 GB 5237.5—2004。

6. 隔热型材是以隔热材料(非热导率的非金属材料)连接铝合金型材而制成的具有隔热功能的复合型材

(1) 隔热型材分为：穿条式和浇注式。

穿条式是通过开齿、穿条、滚压，将条形隔热材料穿入铝合金型材穿条槽内，并使之被铝合金型材牢固咬合的复合方式。

浇注式是把液态隔热材料注入铝合金型材浇注槽内并固化，切除铝合金型材浇注槽内的临时连接桥使之断开金属连接，通过隔热材料将铝合金型材断开的两部分结合在一起的复合方式。

隔热型材按力学性能特性将其分为 A、B 两类见表 4-29。

隔热型材力学性能特性　　表 4-29

类别	力学性能特性	复合方式
A	剪切失效后不影响横向抗拉性能	穿条式、浇注式
B	剪切失效将引起横向抗拉失效	浇注式

(2) 产品标记

产品标记按产品名称、产品类别、隔热型材截面代号、隔热材料代号、铝合金型材的牌号和状态及表面处理方式(用与表面处理方式相对应的 GB 5237.2～GB 5237.5 部分的顺序号表示，有色电泳涂漆型材也采用“3”标识其表面处理方式)隔热材料高度、产品定尺长度、标准号组成。

例如：用6063合金制造，供应状态为T5，表面分别采用电泳涂漆处理和粉末静电喷涂处理的两根铝型材以穿条方式与隔热材料PA66GF25(高度14.8mm)复合制成的A类隔热型材(截面代号561001、定心长度6000mm)，标记为：

隔热型材 A561001PA66GF25 6063-T5/3-4 14.8×6000 GB 5237.6—2004。

例如：用6063合金制造，供应状态为T5，表面经阳极氧化处理铝型材采用浇注方式与隔热材料PU(高度9.53mm)复合制成的B类隔热型材(截面代号561001、定心长度6000mm)，标记为：

隔热型材 A561001PU 6063-T5/2 9.53×6000 GB 5237.6—2004。

(三) 铝合金门窗进场验收

1. 资料验收

铝合金门窗进入施工现场应提供产品合格证、性能检测报告、复检报告、门窗附件生产许可文件及原材料配件辅助材料质量保证书等。

(1) 产品经检验合格后应有合格证，合格证包括下列内容：执行产品标准号、检验项目及检验结论；成批交付的产品还应有批量、批号、抽样受检的件号等；产品的检验日期，出厂日期、检验员签名或盖章。铝合金外窗产品合格证还应有许可证标记。

(2) 铝合金门窗的主要性能要求

建筑门窗应对抗风压性能、气密性、水密性指标进行复检，门窗的性能应根据建筑物所在的地理、气候和周围环境以及建筑物的高度、体形、重要性等进行选定。

(3) 工业产品生产许可证制度适用在中华人民共和国境内生产、销售属于工业产品生产许可证管理范围内的产品的企业和单位。其中特种门、建筑外窗(铝合金窗、塑料窗、彩色涂层钢板窗)铝合金建筑型材属于全国工业产品生产许可证管理的工业产品。

建筑外窗行业编号为21，产品编号为201。

铝合金建筑型材行业编号为27，产品编号为205。

铝合金外窗生产企业应提供铝合金生产许可证及铝合金型材供应企业生产许可证复印件。

(4) 原材料配件辅助材料质量保证书

铝合金型材应提供产品质量保证书，内容如表4-30所示。

除此之外还应提供配件、辅助材料相应的质量保证书。

2. 产品实物验收

铝合金门窗的品种、数量、类型、规格、尺寸、性能、开启方向、安装位置、连接方式及铝合金门窗的型材壁厚应符合设计要求，同时在铝合金门窗明显部位应标明制造厂名与商标、产品名称、型号、标志、制造日期和编号。

铝合金型材质量保证书 **表 4-30**

项　　目	基材	阳极氧化着色型材	电泳型材	喷粉型材	喷漆型材	隔热型材
供方名称	√	√	√	√	√	√
产品名称和规格型号	√	√	√	√	√	√
合金牌号和状态	√	√	√	√	√	√
氧化膜厚度级别和颜色		√				
漆的种类			√		√	
涂料种类				√		
表面处理方式						√
隔热材料名称或代号						√
批号和生产日期	√	√	√	√	√	√
重量和件数	√	√	√	√	√	√
各项分析检验结果和供方质检部门印记	√	√	√	√		√
标准编号	√	√	√	√	√	√
出厂日期或包装日期	√	√	√	√	√	√
生产许可证编号及有效期	√	√	√	√	√	√

注：表中符号“√”表示铝合金型材质量保证书包含的内容。

(1) 外观质量

铝合金门窗表面不应有铝屑、毛刺、油污或其他污迹；连接处不应有外溢的胶粘剂；表面平整，没有明显色差、凹凸不平、划伤、碰伤等缺陷；五金配件安装位置正确、牢固、数量齐全、满足使用功能；承受反复运动的五金配件应便于更换，应避免用自攻螺钉和拉铆钉安装主要五金配件；门窗扇必须安装牢固，开关灵活、关闭严密，无倒翘，推拉门窗扇必须有防脱落措施；门窗扇的橡胶密封条或毛刷条应安装完好，不得脱槽。

(2) 尺寸偏差

铝合金门窗尺寸允许偏差技术要求见表 4-31。

铝合金门窗尺寸允许偏差(mm) **表 4-31**

项　　目	技术要求			
	铝合金窗		铝合金门	
	尺寸范围	偏差值	尺寸范围	偏差值
门框槽口高度、宽度	≤2000	±2.0	≤2000	±2.0
	>2000	±2.5	>2000	±3.0
门框对边尺寸之差	≤2000	≤2.0	≤2000	≤2.0
	>2000	≤3.0	>2000	≤2.0
门框对角线之差	≤2000	≤3.5	≤3000	≤3.0
	>2000	≤3.5	>3000	≤4.0

续表

<table>
<tr><th rowspan="3">项　　目</th><th colspan="4">技术要求</th></tr>
<tr><th colspan="2">铝合金窗</th><th colspan="2">铝合金门</th></tr>
<tr><th>尺寸范围</th><th>偏差值</th><th>尺寸范围</th><th>偏差值</th></tr>
<tr><td>窗框窗扇搭接宽度偏差</td><td colspan="2">±1.0</td><td colspan="2">±2.0</td></tr>
<tr><td>同一平面高低之差</td><td colspan="2">≤0.3</td><td colspan="2">≤0.3</td></tr>
<tr><td>装配间隙</td><td colspan="2">≤0.2</td><td colspan="2">≤0.2</td></tr>
</table>

(3) 玻璃与槽口配合

① 平板玻璃与槽口配合见图 4-3、表 4-32。

② 中空玻璃与玻璃槽口配合见图 4-4、表 4-33。

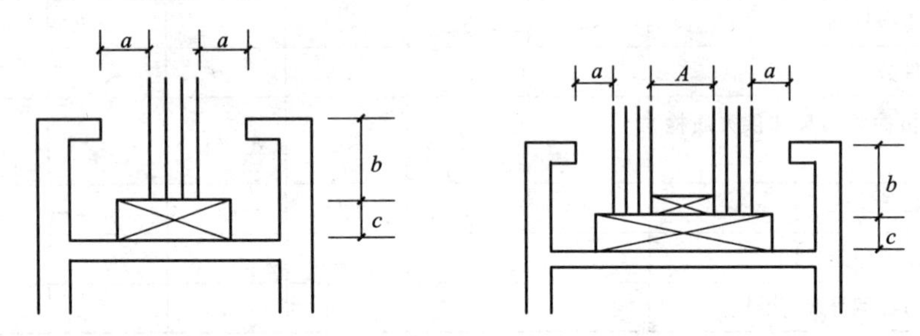

图 4-3　平板玻璃槽口配合合　　　图 4-4　中空玻璃槽口配合

a—玻璃前部余隙或后部余隙；*b*—玻璃嵌入深度；*c*—玻璃边缘余隙；*A*—空气层厚度

平板玻璃与玻璃槽口的配合尺寸(mm)　　　**表 4-32**

<table>
<tr><th rowspan="3">玻璃厚度</th><th colspan="6">密封材料</th></tr>
<tr><th colspan="3">密封胶</th><th colspan="3">密封条</th></tr>
<tr><th>a</th><th>b</th><th>c</th><th>a</th><th>b</th><th>c</th></tr>
<tr><td>5、6</td><td>≥5</td><td>≥10</td><td>≥7</td><td>≥3</td><td>≥8</td><td>≥4</td></tr>
<tr><td>8</td><td>≥5</td><td>≥10</td><td>≥8</td><td>≥3</td><td>≥10</td><td>≥5</td></tr>
<tr><td>10</td><td>≥5</td><td>≥12</td><td>≥8</td><td>≥3</td><td>≥10</td><td>≥5</td></tr>
<tr><td>3+3</td><td>≥7</td><td>≥10</td><td>≥7</td><td>≥3</td><td>≥8</td><td>≥4</td></tr>
<tr><td>4+4</td><td>≥8</td><td>≥10</td><td>≥8</td><td>≥3</td><td>≥10</td><td>≥5</td></tr>
<tr><td>5+5</td><td>≥8</td><td>≥12</td><td>≥8</td><td>≥3</td><td>≥10</td><td>≥5</td></tr>
</table>

中空玻璃与玻璃槽口的配合尺寸(mm)　　　**表 4-33**

<table>
<tr><th rowspan="3">玻璃厚度</th><th colspan="6">密封材料</th></tr>
<tr><th colspan="3">密封胶</th><th colspan="3">密封条</th></tr>
<tr><th>a</th><th>b</th><th>c</th><th>a</th><th>b</th><th>c</th></tr>
<tr><td>4+A+4</td><td rowspan="3">≥5</td><td rowspan="3">≥15</td><td rowspan="3">≥7</td><td rowspan="4">≥5</td><td rowspan="4">≥15</td><td rowspan="4">≥7</td></tr>
<tr><td>5+A+5</td></tr>
<tr><td>6+A+6</td></tr>
<tr><td>8+A+8</td><td>≥7</td><td>≥17</td><td></td></tr>
</table>

（四）铝合金门窗运输储存要求

(1) 产品应用无腐蚀作用的材料包装，包装箱应有足够的强度，确保运输中不受损坏，包装箱内各种部件应避免发生相互碰撞、窜动，产品装箱后，箱内应装有装箱单和产品检验合格证。

(2) 在搬运过程中应轻拿轻放，严禁摔、扔、碰击，运输工具应有防雨措施，并保证清洁无污染。

(3) 产品应放在干燥通风的地方，严禁与酸、碱、盐类物质接触并防止雨水侵入。产品严禁与地面直接接触，底部垫高 100mm 以上。产品应用垫块垫平，立放角度不小于 70°。

三、塑料门窗

塑料门窗是由未增塑聚氯乙烯(PVC-U)型材组成的门和窗，塑料门窗突出的优点是保温性能和耐化学腐蚀性能好，具有良好的气密性和隔声性能，但抗风压性和水密性较差。

（一）分类

按开启形式分：固定门、平开门、推拉门、固定窗、平开窗、推拉窗和悬转窗。

其中平开窗包括内开窗、外开窗和滑轴平开窗。

推拉窗包括左右推拉窗和上下推拉窗。

悬转窗包括上悬窗、下悬窗、平开下悬窗、中悬窗和立转窗。

（二）未增塑聚氯乙烯(PVC-U)型材

1. 型材分类

型材按老化时间、落锤冲击、壁厚分类。见表 4-34～表 4-36。

按老化时间分类 表 4-34

项　目	M类	S类
老化试验时间(h)	4000	6000

按主型材在－10℃时落锤冲击分类 表 4-35

项　目	Ⅰ类	Ⅱ类
落锤重量(g)	1000	1000
落锤高度(mm)	1000	1500

按主型材壁厚分类(mm) 表 4-36

名称	A类	B类	C类
可视面	≥2.8	≥2.5	不规定
非可视面	≥2.5	≥2.0	不规定

要求老化后冲击强度保留率不小于 60%。

要求可视面上破裂的试样数不大于 1 个。对于共挤型材，共挤层不能出现分离。

2. 产品标记

产品标记由老化时间类别、落锤冲击类别、可视面壁厚类别组成。

例如：老化时间4000h，落锤高度1000mm，壁厚2.5mm。

则标记为：M—I—B。

3. 型材标志

主型材的可视面应贴有保护膜。保护膜上应有标准代号［如《门、窗用未增塑聚氯乙烯(PVC-u)型材》(GB/T 8814—2004)］、厂名、厂址、电话、商标等。

型材出厂应具有合格证。合格证上应包括每米重量、规格、生产日期。

主型材应在非可视面上沿型材度方向，每间隔1m应有一永久性标识，包括老化时间分类、落锤冲击分类、壁厚分类等。

（三）增强型钢要求

由于塑料型材的拉伸强度和弹性模量与铝型材相比较低，为了满足抗风压性能的要求，使塑料门窗的框、扇具有足够的刚度，在下列情况之一时，其型材空腔中必须加衬增强型钢。

（1）平开窗：窗框构件长度不小于1300mm；窗扇构件长度不小于1200mm。

（2）推拉窗：窗框构件长度不小于1300mm；窗扇边框厚度为45mm以上的型材；构件长度1000mm，厚度为25mm以上的型材；构件长度900mm，窗扇下框构件长度不小于700mm，滑轮直接承受玻璃重量的可不加增强型钢。

（3）平开门：构件长度不小于1200mm。

（4）推拉门：门框构件长度不小于1300mm；门扇构件(上、中、边框)长度不小于1300mm；门扇下框用构件长度不小于600mm。

（5）悬转窗：窗框构件长度不小于1000mm，窗扇构件长度不小于1000mm。

（6）安装五金配件的构件。

增强型钢及其紧固件的表面应经防锈处理，增强型钢的壁厚应不小于1.2mm，增强型钢应与型材内腔尺寸一致，用于固定每根增强型钢的坚固件不得少于3只，其间距应不大于300mm，距型钢端头应不大于100mm，坚固件应用$\phi 4$的大头自攻螺钉或加放垫圈的自攻螺钉固定。

塑料门窗拼樘料内衬增强型钢的规格壁厚必须符合设计要求，型钢应与型材内腔紧密吻合，型钢两端应比拼樘料长出10～15mm，使其两端与洞口固定牢固。

（四）塑料门窗进场验收

1. 资料验收

塑料门窗进入施工现场应提供产品合格证、性能检测报告、复检报告、门窗生产许可证文件及原材料配件辅助材料质量保证书等。

（1）产品合格证的内容包括：执行产品标准号、检验项目、检验结论；成批交付的产品还应有批量、批号、抽样受检件的件号等；产品的检验日期、出厂日期、检验员签名或盖章；许可证编号。

（2）塑料门窗物理性能要求

建筑门窗应对抗风压性能、气密性、水密性指标进行复检，门窗的性能应根据建筑物所在的地理、气候和周围环境以及建筑物的高度、体形、重要性等进行选定。

（3）型材配件辅助材料应提供相应质保文件，塑料外窗生产企业应提供塑料窗生产许可证。

2. 实物验收

(1) 外观质量要求

① 塑料门窗应表面平滑，颜色基本一致，无裂纹、气泡，焊缝平整，不能有焊角开焊、型材断裂等损坏现象。

② 玻璃压条应安装牢固，转角部位对接处的间隙应小于 1mm，每边仅允许使用一条压条。

③ 密封条装配应均匀、牢固、接口严密，无脱槽现象。

④ 五金配件安装位置正确，数量齐全，安装牢固。当平开窗高度大于 900mm 时，应有两个闭锁点，五金配件形状灵活，具有足够的强度，满足机械性能要求，承受反复运动的配件，在结构上应便于更换。

(2) 尺寸允许偏差要求见表 4-37。

塑料门窗尺寸允许偏差(mm)　　表 4-37

<table>
<tr><th rowspan="2">项　目</th><th colspan="4">技术要求</th></tr>
<tr><th colspan="2">塑料窗</th><th colspan="2">塑料门</th></tr>
<tr><td rowspan="4">外形高宽尺寸</td><td colspan="2">300～900，≤±2.0</td><td colspan="2">≤1200，≤±2.0</td></tr>
<tr><td colspan="2">901～1500，≤±2.5</td><td colspan="2">>1200，≤±3.5</td></tr>
<tr><td colspan="2">1501～2000，≤±3.0</td><td colspan="2" rowspan="2"></td></tr>
<tr><td colspan="2">>2000，≤±3.5</td></tr>
<tr><td>对角线之差</td><td colspan="4">≤3.0</td></tr>
<tr><td>框扇相邻构件装配间隙</td><td colspan="4">≤0.5</td></tr>
<tr><td>相邻构件同一平面度</td><td colspan="4">≤0.8</td></tr>
<tr><td rowspan="4">窗框窗扇装配间隙 c 允许偏差</td><td rowspan="2">平开窗 c</td><td>+2.0</td><td rowspan="4">平开门 c</td><td rowspan="2">+2.0</td></tr>
<tr><td>−1.0</td></tr>
<tr><td rowspan="2">悬转窗 c</td><td>+2.0</td><td rowspan="2">−1.0</td></tr>
<tr><td>0</td></tr>
<tr><td rowspan="6">框扇搭接宽度 b 偏差与设计值之比</td><td rowspan="2">平开窗 b</td><td>+2.5</td><td rowspan="2">平开门 b</td><td>+2.0</td></tr>
<tr><td>0</td><td>0</td></tr>
<tr><td rowspan="2">推拉窗 b</td><td>+1.5</td><td rowspan="2">推拉门 b</td><td>+1.5</td></tr>
<tr><td>−2.5</td><td>−3.5</td></tr>
<tr><td rowspan="2">悬转窗 b</td><td>+2.0</td><td rowspan="2" colspan="2"></td></tr>
<tr><td>0</td></tr>
</table>

(五) 塑料门窗包装及储存运输要求

(1) 产品在内外表面应加保护膜，应用无腐蚀作用的软质材料包装，包装应牢固可靠，并有防潮措施。

(2) 装运产品的运输工具应有防雨措施并保持清洁，在运输装卸时，应保证产品不变形、不损伤，表面完好。

(3) 产品应放置在通风干燥、防雨、清洁平整的地方，严禁与腐蚀物质接触，产品储存环境温度应低于50℃，距离热源处应不小于1m。产品不应直接与地面接触，底部垫高不小于50mm，产品应立放，立放角度不小于70℃，并有防倾倒措施。

四、彩色涂层钢板门窗

用彩色涂层钢板型材加工制作的平开门窗、推拉门窗、固定门窗称为彩色涂层钢板门窗。彩色涂层钢板门窗耐腐蚀性能好，装饰性能好，易成型加工，易于清洁保养，不褪色。

（一）分类

按使用形式分：平开窗、平开门、推拉窗、推拉门、固定窗。

（二）彩色涂层钢板门窗型材

1. 型材分类及标记

彩板型材按用途分为平开系列(P)和推拉系列(T)。

产品的标记由CB、分类号(P、T)、系列号、板材厚度、型材序号、改型序号组成。

例如：平开46系列，板厚0.8mm，序号为153的彩板型材。

标记为：CB-P46-0.8-153。

2. 材料要求

彩板型材所用的材料应为建筑外用彩色涂层钢板(简称彩板)，板厚为0.7～1.0mm，基材类型为热浸镀锌平整钢带，其室温力学性能及热浸镀锌量应满足表4-38要求。

室温力学性能及热浸镀锌量 表4-38

材质	抗拉强度(MPa)	屈服强度(MPa)	伸长率(%)	双面镀锌量(g/m^2)
优质碳素钢	300～400	230～330	28～32	180～200

(1) 涂层底漆为环氧树脂漆或具有相同性能指标的其他涂料，面漆为外用聚酯漆或具有相同性能指标的其他涂料。正表面应至少两涂两烘。涂层厚度不小于20μm，彩板表面不得有气泡、龟裂、漏涂及颜色不均等缺陷，色泽均匀一致，配套型材应使用同一厂家生产的彩板钢带。

(2) 彩板型材出厂前按规定进行检验，检验项目包括关键项目和一般项目。关键项目有：装饰表面及变形角边缘外观质量、咬口、型材截面几何尺寸、弯曲度、波浪度。一般项目有：色差、长度尺寸偏差、扭曲度，型材端部。关键项目必须达到各自的要求，一般项目必须三项以上(含三项)达到要求者为合格。

彩板型材检验合格后，需粘贴合格标志，型材出厂应有合格证，合格证应注明产品型号、颜色种类、长度、支数、理论重量、批号、生产厂家、生产日期及检验员代号。

（三）彩色涂层钢板门窗进场验收

1. 资料验收

彩色涂层钢板门窗进入施工现场应提供产品合格证、性能检测报告、复检报告、门窗生产许可证文件及原材料配件辅助材料质量保证书等。

(1) 产品合格证的内容包括：执行产品标准号、检验项目、检验结论；成批交付的产品还应有批量、批号、抽样受检件的件号等；产品的检验日期、出厂日期、检验员签名或盖章。彩色涂层钢板外窗产品合格证还应有许可证编号。

(2) 彩色涂层钢板门窗性能要求

建筑门窗应对抗风压性能、气密性、水密性指标进行复检，门窗的性能应根据建筑物所在的地理、气候和周围环境以及建筑物的高度、体形、重要性等进行选定。

(3) 型材配件辅助材料应提供相应质保文件，彩色涂层钢板外窗生产企业应提供彩色涂层钢板门窗生产许可证。

2. 实物验收

(1) 外观质量要求

① 彩色涂层钢板门窗装饰表面不得有脱落、裂纹，相邻构件漆膜不应有明显色差。

② 门窗框、扇四角组装牢固，不得有松动、锤迹、破裂及加工变形等缺陷。

③ 缝隙处密封严密，不得出现透光现象。

④ 门窗橡胶密封条安装后接头严密，表面平整，玻璃密封条无咬边。

(2) 尺寸允许偏差要求见表 4-39。

彩色涂层钢板门窗尺寸允许偏差(mm) **表 4-39**

项目	技术要求	
门窗高度宽度尺寸允许偏差	≤1500	+2.5
		−1.0
	>1500	+3.5
		−1.0
两对角线长度允许偏差	≤2000	≤5
	>2000	≤6
搭接量 b 允许偏差	$b\geq 8$	±3.0
	$6\leq b<8$	±2.5
门窗框、扇四角交角缝隙	≤0.5	
四角同一平面高低差	≤0.3	
分格尺寸允许偏差(平开窗)	±2.0	

(四) 彩色涂层钢板门窗包装、运输、储存要求

(1) 产品应用无腐蚀作用的材料进行包装，包装箱应具有足够的强度，并有防潮措施，箱内产品应保证其相互间不发生窜动。

(2) 装运产品的运输工具应有防雨措施并保持清洁，在运输装卸时，应轻抬、缓放，防止挤压变形及玻璃破损，产品应放置在通风干燥的库房内，严禁与腐蚀物质接触，防止雨水侵入，产品存放不得直接接触地面，底部应垫高 100mm 以上。

五、复合门窗

门窗作为建筑围护结构的重要组成部分，在实现采光、通风等基本功能的同时还要起到隔离外界气候，保持室内环境温度的作用，室内外温差和压差是门窗热量损失的根本原因。铝合金门窗的特点是强度高、重量轻、刚性好、制造精度高、耐大气腐蚀性强、使用寿命长、采光面积大，色彩美观装饰效果好。由于铝合金材料导热系数比木材、钢材、塑料都高，所以铝合金门窗的保温隔热性差，不利于建筑节能。但采用断热型铝合金型材，经粉末涂喷、氟碳河漆喷涂料等表面处理后，就能有效地克服了保温性能差的缺点，使高档的断热型材铝合金窗成为高档建筑的首选产品。所谓的断热就是在两铝材中间插入(或灌注)非金属材料，使铝材的导热系数大大地降低，铝合金断热型材主要有两种工艺：浇注法和穿条法。用断热铝合金型材与中空玻璃及低辐射中空玻璃制成的铝合金门窗具有节能保温作用，因为中空玻璃具有较低的导热系数，所以能达到很好的节能效果。

以铝合金型材为基础，将铝合金型材与木材复合、铝合金型材与塑料复合，在保证原有铝合金型材各项优点的基础上有效地降低热传导率。木包铝保温铝合金门窗具有铝合金门窗和木门窗的两大优点，室外采用铝合金，五金件安装牢固，防水性能好，室内采用经过特殊工艺加工制作的优质原木，颜色多样，便于搭配室内装饰。采用铝合金型材与塑料型材结合，结构受力用铝合金型材，断热部件用塑料型材，二者优势互补。

铝塑、钢塑、木塑复合型门窗，由于铝、钢材导热系数高，通过断热和包覆方式降低其热传导率，钢塑共挤节能门窗就是用复合材料制成的节能型门窗。

全隐框玻璃铝合金窗是很好的隔热节能窗，太阳不能直接照射在铝合金窗框上，玻璃和铝合金之间起结构粘结作用的固化后的有机硅酮橡胶，成为玻璃与铝合金之间的断热桥，若采用镀膜中空玻璃隐框铝合金平开窗，其节能效果更好。复合材料门窗是高性能节能门窗的发展方向。

第四节 建 筑 陶 瓷

陶瓷制品自古以来就是优良的建筑装饰材料之一。随着科学技术的发展和人民生活水平的提高，建筑陶瓷的应用更加广泛，其品种、花色和性能亦有了很大的变化。用于现代建筑装饰工程的陶瓷制品，主要包括墙地砖、琉璃制品、卫生设备和园林陶瓷制品等。其中陶瓷墙地砖的用量最大。我们主要介绍陶瓷墙地砖。

一、陶瓷墙地砖的分类

按使用部位分有：内墙砖、外墙砖、室内地砖、室外地砖、广场砖、配件砖等。

内墙砖和外墙砖是用于装饰和保护建筑物内外墙的陶瓷砖，广场砖是用于铺砌广场及道路的陶瓷砖，配件砖是用于铺砌建筑物墙角、拐角等特殊装修部位的陶瓷砖。

按生产工艺分有：釉面砖、无釉砖、抛光砖、渗花砖等。釉面砖就是正面放釉的陶瓷砖，无釉砖就是不施釉的陶瓷砖，抛光砖就是经过机械研磨、抛光。表面呈镜面光泽的陶瓷砖，渗花砖就是将可溶性色料溶液渗入坯体内，烧成后呈现色彩或花纹的陶瓷砖。

按吸水率不同分有：瓷质砖(吸水率不超过0.5%的陶瓷砖)、炻瓷砖(吸水率大于0.5%，不超过3%的陶瓷砖)、细炻砖(吸水率大于3%，不超过6%的陶瓷砖)、炻质砖(吸水率大于6%，不超过10%的陶瓷砖)、陶质砖(吸水率大于10%的陶瓷砖)。

二、釉面内墙砖

(一) 釉面内墙砖的性能与用途

釉面内墙砖是用于建筑物内墙面装饰的薄板状精陶制品。其产品表面平滑、光亮，颜色丰富，色彩图案五彩缤纷，是一种高级内墙装饰材料。

釉面内墙砖除具有装饰功能外，还具有防水、耐火、抗腐蚀、热稳定性良好及易清洗等使用功能。

(二) 釉面内墙砖的规格品种及特点

1. 规格

内墙釉面砖的主要规格有：108mm×108mm、152mm×152mm、150mm×75mm、200mm×150mm、200mm×200mm、250mm×150mm、300mm×150mm、300mm×200mm、300mm×250mm等。

2. 品种特点

釉面内墙砖正面有釉，背面有凹凸纹，便于施工镶贴时与基层粘结牢固。其主要品种有：白色釉面内墙砖、彩色釉面内墙砖、印花釉面内墙砖、图案釉面内墙砖等。其特点见表4-40。

釉面内墙砖的主要品种及特点　　表4-40

种类		代号	特点
白色釉面砖		F、J	色纯白、釉面光亮，清洁大方
彩色釉面砖	有光	YG	釉面光亮晶莹，色彩丰富雅致
	无光	SHG	釉面半无光，不晃眼，色泽一致，柔和
装饰釉面砖	花釉砖	HY	色釉相互渗透，花纹千姿百态，装饰效果好
	结晶釉砖	JJ	晶化辉映，纹理多姿
	斑纹釉砖	BW	斑纹釉面，丰富生动
	大理石釉砖	LSH	具有天然大理石花纹，颜色丰富，美观大方
图案砖	白色	BT	纹样清晰，色彩明朗，清洁优美
	彩色图案砖	YGT DYGT SHGT	系在有光(YG)或无光(SHG)彩色釉面砖上装饰各种图案。具有浮雕、缎光、绒毛、彩漆等效果

3. 技术性能和质量标准

釉面内墙砖按釉面颜色分为单色(白色)砖、花色砖和图案砖。按形状分为正方形、矩形和异形配件砖。异形配件砖有阴角条、阳角条、压顶条、腰线砖、阴三角、阳三角、阴角座及阳角座等，它们主要起配合建筑物内墙阴、阳角等处镶贴釉面砖时的配件作用。

釉面砖的技术要求包括尺寸允许偏差、外观质量、平整度允许偏差的色差。

(1) 尺寸允许偏差

正方形和矩形砖的尺寸偏差应符合表4-41的要求；而异形配件砖的尺寸允许偏差应保证匹配的前提下由生产厂家自定。

釉面内墙砖尺寸允许偏差(mm)　　表4-41

	长度或宽度			厚　度	
尺寸	≤150	>152，≤250	>250	≤5	>5
允许偏差	±0.5	±0.8	±1.0	±0.4	厚度的±0.8

(2) 外观质量

釉面砖根据其外观质量将其划分为优等品、一等品和合格品。各等级釉面砖的外观质量应符合表4-42的要求。

釉面内墙砖的外观质量要求　　表4-42

缺陷名称	优等品	一等品	合格品
开裂、夹层、釉裂			
背面磕碰	深度为砖厚的1/2	不影响使用	
剥边、落脏、釉泡、斑点、坏粉釉缕、桔釉、波纹、缺陷、棕眼裂纹、图案缺陷及正面磕碰	距离砖面1m处目测无可见缺陷	距离砖面2m处目测缺陷不明显	距离砖面3m处目测缺陷不明显

(3) 色差

釉面内墙砖的色差应符合以下要求：优等品颜色基本一致；一等品色差不明显；合格品色差不严重。

(4) 平整度允许偏差

釉面内墙砖平整度允许偏差应符合表4-43的要求。

釉面内墙砖平整度允许偏差(mm)　　表4-43

指标	优等品		一等品		合格品	
平整度	$L\leqslant152$	$L>152$	$L\leqslant152$	$L>152$	$L\leqslant152$	$L>152$
中心弯曲度	+1.4 −0.5	+0.5	+1.8 −0.8	+0.7	+2.0 −1.2	+1.0
翘曲度	0.8	−0.4	1.3	−0.6	1.5	−0.8

注：L为釉面砖长度。

三、外墙贴面砖

(一) 外墙贴面砖的种类及特点

外墙贴面砖根据表面与装饰情况，可分为表面不施釉的单色砖、表面施釉的彩釉砖、表面既有彩釉又有凸起的花纹图案的立体彩釉砖（又称线砖）及表面施釉并做成仿花岗岩的外墙砖等。

外墙贴面砖具有坚固耐用、色彩鲜艳、易清洗、防火、防水、耐磨、耐腐蚀等特点。

（二）外墙贴面砖的规格及性能

外墙贴面砖的规格和性能见表4-44。

外墙贴面砖的规格和性能 表4-44

品种		主要规格（mm）	性能
名称	说明		
单色砖	有白、浅黄、红、绿等	200×100×12 150×75×12 75×75×8 108×108×8 150×30×8 200×60×8 200×80×8	质地坚固，吸水率不大于8%，色调柔和，耐水、抗冻、经久耐用，易清洗
彩釉砖	有粉红、蓝、绿、金砂釉、黄、白等		
线砖	表面有凸起线纹、有釉，并有黄、绿等色		
外墙砖	表面有凸起的立体图案、有釉		

（三）外墙贴面砖的特点和用途

外墙贴面砖具有坚固耐用、色彩鲜艳、易清洗、防火、耐磨、耐腐蚀和维修费用低等特点。

外墙贴面砖适用于装饰等级要求较高的工程，可防止建筑物表面被大气侵蚀，同时增加建筑物的立面装饰效果。

四、陶瓷地砖

（一）陶瓷地砖的种类与规格

地砖按其表面是否施釉分为无釉地砖和彩色釉面陶瓷地砖（简称彩釉砖）。地砖颜色众多，对于一次烧成的无釉地砖，通常是利用其原料中含有天然矿物等进行自然着色，也可在泥料中加入各种氧化物进行人工着色。

地砖的表面质感多种多样。通过配料和改变制作工艺，可获得平面、磨光面、抛光面、纹点面、仿大理石（或花岗石）、压花浮雕面、无光釉面、金属光泽面、防滑面、玻化瓷质面及耐磨面等多种表面形状，也可获得丝网印刷、套花图案、单色及多色等装饰效果。

彩釉砖的主要产品规格有：500mm×500mm、600mm×600mm、800mm×800mm、1000mm×1000mm，厚度为8～12mm。

无釉地砖的主要规格有：00mm×500mm、600mm×600mm、800mm×800mm，厚度为8～9mm。

（二）陶瓷地砖的技术要求和质量标准

根据国家标准规定，按产品表面质量和变形允许偏差分为优等品、一级品和合格品三个等级。

技术要求包括以下几个方面：

1. 尺寸允许偏差

彩釉地砖的尺寸允许偏差应符合表 4-45 规定。

彩色釉面陶瓷墙地砖的尺寸允许偏差(mm)　　**表 4-45**

基本尺寸		允许偏差
边长	<150	±1.5
	150～250	±2.0
	>250	±2.5
厚度	<12	±1.0

2. 表面与结构质量要求

彩釉地砖表面质量与结构质量要求应符合表 4-46 的规定。各项检测方法与釉面砖相同，所需试样数为单块面积大于 $400cm^2$ 的砖至少 25 块。

彩色釉面陶瓷地砖的表面与结构质量要求　　**表 4-46**

项　目		优等品	一等品	合格品
表面缺陷	缺釉、斑点、裂纹、落脏、棕眼、熔洞、釉缕、釉泡、烟熏、开裂、磕碰、波纹、剥边、坯粉	距离砖面 1m 处目测，有可见缺陷的砖数不超过 5%	距离砖面 2m 处目测，有可见缺陷的砖数不超过 5%	距离砖面 3m 处目测，缺陷不明显
色差	距离砖面 3m 处目测不明显			
	中心弯曲度(mm)	±0.50	±0.60	+0.80 −0.60
	翘曲度(mm)	±0.50	±0.60	±0.70
	边直度(mm)	±0.50	±0.60	±0.70
	直角度(mm)	±0.60	±0.70	±0.80
分层(坯体里有夹层或有上下分离现象)		均不得有结构分层缺陷存在		
背纹		凹背纹的深度和凸背纹的高度均不小于 0.5mm		

3. 物理力学性能

(1) 彩色釉面陶瓷砖的吸水率应不大于 10%。

(2) 耐急冷急热应满足经 3 次急冷急热循环不出现破裂。

(3) 抗冻性能应达到 20 次冻融循环不破裂、剥落、裂纹。

(4) 抗弯强度为 24.5MPa。

(5) 耐磨性试验。根据釉面出现磨损痕迹时的研磨转数将砖分为四类：Ⅰ类少于 150 转，Ⅱ类 300～600 转，Ⅲ类 750～1500 转，Ⅳ类多于 1500 转。

(6) 耐化学腐蚀性能。根据地砖的耐酸碱性能分为 AA、A、B、C、D 五个等级。

五、新型建筑装饰陶瓷制品

近年来，随着建筑装饰的不断发展，新型建筑装饰陶瓷制品不断增加，如陶瓷劈裂砖、瓷质玻化砖、彩胎砖、麻面砖、陶瓷艺术砖、金属光泽釉面砖等。

（一）劈裂砖

劈裂砖是将一定配合比的原料，经粉碎、炼泥、真空挤压成型、干燥、高温煅烧而成。由于成型时为双砖背连坯体，烧成后再劈裂成两块砖，故称劈裂砖。

劈裂砖强度高、吸水率低、抗冻性强、防潮防腐、耐磨耐压、耐酸碱且防滑；色彩丰富，自然柔和，表面质感变幻多样，或清秀细腻，或浑厚粗犷；表面施釉者质朴典雅、大方，无反射眩光。

劈裂砖的主要规格有：240mm×52mm×11mm、240mm×115mm×11mm、194mm×94mm×11mm、190mm×190mm×13mm、240mm×115(52)mm×13mm、194mm×94(52)mm×13mm等。

劈裂砖适用于各种建筑物外墙装饰，也适用于楼堂馆所、车站、候车室与餐厅等室内地面，也可作为游泳池、浴池底部的贴面材料。

（二）彩胎砖

彩胎砖是一种无釉瓷质饰面砖，它采用彩色颗粒土为原料混合配料，压制成多彩坯体后，经一次烧成彩色细花纹的表面，有红、绿、黄、灰、棕等多种基色，多为浅色调，纹点细腻，质朴高雅。

彩胎砖的主要规格有：200mm×200mm、400mm×400mm、500m×500mm、600mm×600mm等。最小尺寸为95mm×95mm，最大规格为600mm×900mm。

彩胎砖表面有平面和浮雕形两种，又有无光、磨光、抛光之分，吸水率小于1%，抗折强度大于27MPa。彩胎砖的耐磨性极好，特别适用于人流较多的商场、剧院、宾馆、酒楼等公共场所地面装饰，也可用于住宅墙地面装饰。

（三）玻化砖

玻化砖是以优质的瓷土为原料，在1230℃以上的高温下，使砖中的熔融成分呈玻璃状态，具有玻璃般的亮丽质感的一种新型高级地砖。玻化砖的品种很多，其主要色系有白色、灰色、黑色、红色、绿色、蓝色、褐色等。主要规格有：300mm×300mm×8mm、400mm×400mm×8mm、500mm×500mm×8mm。

玻化砖的吸水率小于0.1%，长年使用不变色，不留水迹始终如新，质地密实坚硬，耐磨性较好，抗折强度大于46MPa，易于清洗，防滑效果好，不含对人体有害的放射性元素，是高品质的新型环保材料。它主要用于地面装饰。

（四）麻面砖

麻面砖是采用仿天然岩石色彩的配料，压制成表面凹凸不平的麻面坯体后，一次烧成的炻质面砖。砖的表面酷似经人工修凿过的天然岩石面，纹理自然，粗犷雅朴，有白、黄、红、灰、黑等多种色调。主要规格有：200mm×100mm、200mm×75mm、100mm×100mm等。麻面砖吸水率小于1%，抗折强度大于20MPa，防滑耐磨。薄型砖适用于外墙装饰，厚型砖适用于广场、停车场、码头、人行道等地面。

六、陶瓷砖的质量验收

陶瓷砖进场时必须检查验收后才能使用，陶瓷砖进场时必须先检查出厂合格证和出厂试验报告。出厂报告中应包括尺寸偏差、表面质量、吸水率破坏强度、断裂模数。

工程上所使用的陶瓷砖应根据不同使用部位对产品进行检测，当用于外墙时，应对产品的尺寸、表面质量、抗冻、耐污染、吸水率等进行重点检测，特别是吸水率，如果产品的吸水率过大，在使用过程中，可能会产生封面渗水及面砖脱落，无釉砖的吸水率最好不大于0.5%；当用于内墙时，应对产品的尺寸、表面质量、耐污染、抗釉裂、放射性进行重点检测，由于内墙砖铺贴时砖与砖的间隔较小，特别是无缝砖，如果尺寸偏差过大会严重影响装饰效果，由于内墙砖的吸水率较大，材质较疏松，当坯体与釉面的膨胀系数相差过大时容易产生釉裂，考虑到安全性应进行放射性检测；当使用在地面时，应对产品的尺寸、表面质量、破坏强度、断裂模数、耐磨性、吸水率、光泽度(抛光砖)、放射性(用于室内)进行重点检测。

陶瓷砖由于是装饰材料，因此尺寸和表面质量是直观的，首先要检查陶瓷砖的尺寸是否一致，色调是否一致，有无裂纹缺角等缺陷；其次敲击瓷砖声音是否清亮，如果是内墙砖，取几块浸入水中半小时左右，取出用毛巾擦去表面水分，看瓷砖釉面下，是否有水的痕迹，如果有，可能以后釉面会有裂纹及背面的水泥颜色会渗到釉面下，釉面会发黑。

陶瓷砖进入现场后应对主要技术性质进行复检，以同种产品、同一级别、同一规格实际的交货量大于5000m^{2}为一批，不足5000m^{2}以一批计。取样数量为1m^{2}且大于32片陶瓷砖。

七、运输和储存

产品在搬运时应轻拿轻放，严禁摔扔，以防破损。产品应按品种、规格、级别分别整齐堆放，在室外堆放时应有防水设施，产品堆码高度应适当，以免压坏产品，防止撞击。

八、建筑琉璃制品

琉璃制品是以难熔黏土为原料，经配料、成型、干燥素烧、表面涂琉璃反腐败料后再烧而得到的制品。

(一) 琉璃制品的特点与品种

建筑琉璃制品在我国具有悠久的历史，在遗留下来的一些古代建筑中可以看到，这类制品具有造型古朴、优美、色泽绚丽、质地紧密、表面光滑、不易沾污，富有传统的民族特点。主要用于我国传统建筑风格的宫殿式建筑以及纪念性建筑，还常用于园林建筑中的亭台楼阁等古代园林。建筑琉璃制品还是近代建筑中的屋面材料，它既可以体现现代与传统美的结合，又富有东方民族精神，富丽堂皇，雄伟壮观。

琉璃制品的品种很多，包括琉璃瓦、琉璃脊、琉璃兽以及各种装饰制品如花窗、花格、栏杆等。

琉璃装饰制品有数百种，常用的几十种，琉璃瓦是其中用量最多的一种，约占琉璃制品总产量的70%。

琉璃瓦类制品，按其形状和用途分为板瓦、筒瓦、滴水、底瓦、勾头等。琉璃脊制品有正脊筒瓦、垂脊筒瓦、岔脊筒瓦、围脊筒瓦、博脊边砖、群色条、三连砖、扒头、窜头、方眼勾头、正当沟、押带条、平口条等。

（二）琉璃制品的技术指标

琉璃制品根据外观质量将产品分为优等品、一级品和合格品。各种琉璃瓦的尺寸允许偏差见表 4-47。琉璃瓦类制品的物理性能指标见表 4-48。

各种琉璃瓦的尺寸允许偏差　　表 4-47

<table>
<tr><th rowspan="2">产品名称</th><th rowspan="2">外形尺寸范围(mm)</th><th colspan="4">允许偏差</th></tr>
<tr><th>长(mm)</th><th>宽(mm)</th><th>厚(mm)</th><th>弧度(rad)</th></tr>
<tr><td>板瓦
筒瓦
滴水瓦
沟头</td><td>长≥350</td><td>±10</td><td>±7
±5
±7
±5</td><td></td><td>±3</td></tr>
<tr><td>板瓦
筒瓦
滴水瓦
沟头</td><td>250～350</td><td>±8</td><td>±6
+4
±6
±4</td><td></td><td rowspan="2">±3</td></tr>
<tr><td>板瓦
筒瓦
滴水瓦
沟头</td><td>长≤250</td><td>±6</td><td>±5
±3
±5
±3</td><td></td></tr>
<tr><td rowspan="2">脊、吻、博古</td><td>最大尺寸>400</td><td>±15</td><td>±8</td><td>±12</td><td></td></tr>
<tr><td>最大尺寸<400</td><td>±11</td><td>±6</td><td>±8</td><td></td></tr>
</table>

琉璃瓦类制品的物理性能指标　　表 4-48

<table>
<tr><th>项目</th><th>优等品</th><th>一级品</th><th>合格品</th></tr>
<tr><td>吸水率(%)</td><td colspan="3">12</td></tr>
<tr><td>抗冻性能</td><td colspan="3">无开裂、剥落、掸角、掉棱、起鼓现象</td></tr>
<tr><td>弯曲破坏荷重(N)</td><td colspan="3">1177</td></tr>
<tr><td>现时急冷急热性能</td><td colspan="3">三次循环。开裂、剥落、掸角、掉棱、起鼓现象</td></tr>
<tr><td>光泽度(%)</td><td colspan="3">平均秆≥50</td></tr>
</table>

第五节　建　筑　涂　料

建筑涂料是涂敷于建筑表面，并能与构件表面材料很好地粘结，形成完整的保护膜的一种成膜物质，建筑涂料具有优良的耐候性、耐污染性、防腐蚀性、能使被涂的建筑物使用寿命延长等功能。建筑涂料品种繁多，这里介绍工程中常用的建筑涂料。

一、建筑涂料的分类

建筑涂料的主要功能是装饰建筑物，按照分散介质分类，可分为溶剂型涂料和水性乳胶型涂料两大类。为了防止大气的污染，当前主要是以水性乳胶型涂料为主的内墙涂料和外墙涂料。它们是以苯丙乳液、纯丙乳液、硅丙乳液、醋酸乙烯乳液、乙烯—醋酸乙烯类为主要成膜物质而配制成的。

（一）内墙涂料

目前内墙涂料主要品种有合成树脂乳液内墙涂料和水溶性内墙涂料。

1. 合成树脂乳液内墙涂料

（1）以苯乙烯—丙烯酸酯合成乳液为成膜物质，加入颜料、填料及各种助剂等经高速分散加工而成的，可制成不同光泽，如：平光（亚光）、丝光（半亚光）、高光，不同的光泽是由涂料所含有的颜料和合成乳液的多少来决定的。涂料的光泽度越高，性能也越好。其主要特点是色彩丰富、细腻调和、装饰效果好。具有优良的耐碱、耐水、耐洗刷性能、防霉性。

（2）醋酸乙烯乳液合成乳液为成膜物质，加入颜料、填料及各种助剂等经高速分散加工而成的，该涂料细腻，涂膜细腻、平滑、色彩鲜艳，装饰效果良好。耐碱、耐水、耐洗刷性能与前者略差。

2. 水溶性内墙涂料（聚乙烯醇类涂料）

（1）聚乙烯醇水玻璃内墙涂料是以聚乙烯醇树脂水溶液和水玻璃为基料，加入颜料、填料及少量表面活性剂，经砂磨机研磨而成的一种水溶性内墙涂料，广泛应用在一般公共建筑的内墙上。该涂料涂膜表面光洁平滑，能配制成多种色彩，与墙面基层有一定粘结力，具有一定的装饰效果。涂层耐水、耐清刷性较差。涂膜表面不能用湿布擦洗，涂膜表面容易产生脱粉现象。

（2）聚乙烯醇缩甲醛内墙涂料是以聚乙烯醇与甲醛进行缩醛化反应生成的聚乙烯醇缩甲醛水溶液为基料，加入颜料、氧化钙为主要填料及其他助剂经混合、搅拌、研磨、过滤等工序制成的一种内墙涂料，俗称107胶涂料。由于甲醛成分对人体有害，已明令禁止使用，而改用聚乙烯醇缩丁醛，称108胶。该涂料耐水性、耐涂刷性略好于聚乙烯醇水玻璃涂料。

3. 有害物质含量

国家对内墙涂料的有害物质释放量有强制性的要求，对内墙涂料产品甲醛、总挥发性有机物、重金属等有害物质的限量，均须符合《室内装饰装修材料 内墙涂料中有害物质限量》（GB 18582—2008）以及《民用建筑工程室内环境污染控制规范》（GB 50325—2001）的规定。

（二）外墙涂料

目前外墙涂料主要分为水性乳胶型涂料和溶剂型涂料两类，乳胶涂料中以聚苯乙烯—丙烯酸酯和聚丙烯酸类品种为主；溶剂型涂料中以丙烯酸酯类、丙烯酸聚氨酯和有机硅接枝丙烯酸涂料为主，还有各种砂壁状和仿石型等复层涂料。

1. 合成树脂乳液外墙涂料

建筑外墙涂料是由苯丙乳液、纯丙乳液或硅丙乳液，以不同的单位、乳化剂、引发剂等通过聚合反应得到的乳液。以上乳液为主要成膜物质加入颜料、填料及各种助剂等经高速分散加工而成的，采用不同的金红石型钛白粉及不同的成分配制成的优等、一等、合格的外墙涂料，它们都具有耐水性、耐碱性、耐沾污性、耐候性。

2. 砂壁状涂料

砂壁状涂料主要是由苯丙乳液、纯丙乳液为主要成膜物质，加入成膜助剂、颜料、细填充料、粗骨料及各种助剂等混合配制而成的，可制成的涂层具有丰富的色彩及质感，其保色性及耐候性比其他类型的涂料有较大的提高。

3. 复层涂料

复层涂料也称浮雕涂料或喷塑涂料。是应用较广泛的建筑内外墙涂料。它由多种涂层组成，对墙体有良好的保护作用，粘结强度高，并有良好的耐候性、耐沾污性。一般复层涂料由基层封闭涂料、主层涂料、罩面涂料三大部分组成。

4. 弹性建筑涂料

弹性建筑涂料是以交联型的弹性合成树脂乳液为基料，与颜料、填料及涂料助剂配制而成。施涂此涂料一定厚度(干膜厚度不小于150μm)后，具有弥盖基材伸缩(运动)产生细小裂纹的功能。此类涂料使用越来越广泛，大有发展前途。此类涂料也有内外墙之分。内墙弹性涂料的断裂延伸率稍低，低温柔性无要求。它可使漆膜在老化过程中不会出现开裂现象，能使漆膜被涂面之间有一定的粘结强度。

5. 溶剂型外墙涂料

溶剂型外墙涂料是以高分子合成树脂为主要成膜物质，有机溶剂为稀释剂，加入一定的颜料、填料及助剂经搅拌溶解，研磨而制成的一种挥发性涂料，具有较好的硬度、光泽、耐水性、耐酸碱性及良好的耐候性、耐沾污性等特点。

(三) 无机建筑涂料

外墙无机建筑涂料可分为以下两种：

一是以碱金属硅酸盐系涂料，此类涂料具有优良的耐水性、耐候性、耐热性。涂膜耐酸、耐碱、耐冻及耐沾污性能良好。

另一种是以硅溶胶为主要胶粘剂，此涂料涂抹细腻，颜色均匀明快，装饰效果好，遮盖力强，耐高温、耐候性、耐水性、耐碱性能好。

(四) 建筑涂料的辅助材料

建筑涂料在装饰过程中，基层多为水泥砂浆或混凝土，其表面结构是多孔隙、碱性强，其中多孔隙结构吸水性强，致使出现涂层表面发黏、反碱以及涂料变色等质量问题。目前，对基层的处理方法有：封闭底漆和腻子两种。封闭底漆和腻子属于建筑涂料的辅助材料。

1. 封闭底漆

建筑涂料在涂刷前可先涂底漆一道，它可封闭墙面碱性，提高面漆附着力，对面漆性能及表面效果有较大影响，如不使用底漆，漆膜附着力会有所削弱，墙面碱性对面漆性能的影响更大，尤其使用白水泥腻子的底面，可能造成漆膜粉化、泛黄、泛碱等问题，破坏面漆性能，影响漆膜的使用寿命。

2. 腻子

如果墙体平整，建议不使用腻子。

若使用腻子，宜薄批面不宜厚刷，每次薄批以 1mm 为佳。建筑涂料生产厂家应提供与其涂料相匹配的腻子，内墙腻子的性能必须符合现行行业标准的规定。外墙腻子的耐水、耐碱性必须与外墙涂料相当，必须符合现行行业标准的规定。对腻子的要求除了易批易打磨外，还应具备良好的粘结强度。对于外墙、厨房和卫生间，对其腻子的要求应具备更好的粘结强度和动态抗开裂性、耐水性。

二、涂料的命名和型号

(一) 涂料的命名

根据国家标准对涂料命名作了如下规定：

(1) 涂料全名=颜色或涂料名称+成膜物质名称+基本名称，涂料颜色应位于涂料名称最前面。如果颜料对漆膜性能起显著作用，则可用颜料的名称代替颜色的名称，置于涂料名称的最前面；对于不含颜料的清漆，其全名一般由成膜物质名称和基本名称组成。

(2) 命名时，对涂料名称中的成膜物质的名称应作适当简化。例如：聚氨基甲酸酯简化成聚氨酯；硝酸纤维素(酯)简化为硝基等。如果涂基中含有多种成膜物质时，由选取起主要作用的一种成膜物质命名。涂料的分类和命名代号见表 4-49。

涂料的分类和命名代号 **表 4-49**

序号	代号	名称	序号	代号	名称
1	Y	油脂漆类	10	X	烯烃树脂涂料
2	T	天然树脂涂料	11	B	丙烯酸漆类
3	F	酚醛树脂漆类	12	Z	聚酯树脂漆类
4	L	沥青漆类	13	H	环氧树脂漆类
5	C	醇酸树脂漆类	14	S	聚氨酸漆类
6	A	氨基树脂漆类	15	W	元素有机聚合物漆类
7	Q	硝基漆类	16	J	橡胶漆类
8	M	纤维素漆类	17	E	其他漆类
9	G	过氯乙烯漆类			

(3) 基本名称仍采用我国已经广泛使用的名称，由 00～99 两位阿拉伯数字表示，其中 00～99 代表基本名称，例如 01 表示清漆，09 表示大漆；10～19 代表美术漆，例如 15 表示斑纹漆、裂纹漆和桔纹漆；20～29 代表轻工用漆，例如 20 表示铅笔漆，26 表示自行车漆；30～39 代表绝缘漆；40～49 代表船舶漆；50～59 代表防腐漆；60～99 代表其他类漆。涂料的基本名称见表 4-50。

涂料的基本名称代号 **表 4-50**

00 清油	11 电泳漆	22 木器漆
01 清漆	12 乳胶漆	23 罐头漆
02 厚漆	13 水溶性漆	24 家电用漆
03 调合漆	14 透明漆	26 自行车漆
04 磁漆	15 斑纹漆、裂纹漆、桔纹漆	27 玩具漆
05 粉末涂料	16 锤纹漆	28 塑料用漆
06 底漆	17 皱纹漆	30 (浸渍)绝缘漆
07 腻子	18 金属漆、闪光漆	31 (覆盖)绝缘漆
09 大漆	20 铅笔漆	32 抗弧(磁)漆、互感器漆

续表

33 (粘合)绝缘漆	53 防锈漆	80 地板漆、地坪漆
34 漆包线漆	54 耐油漆	81 渔网漆
35 硅钢片漆	55 耐水漆	82 锅炉漆
36 电容器漆	60 防火漆	83 烟囱漆
37 电阻漆、电位器漆	61 耐热漆	84 黑板漆
38 半导体漆	62 示温漆	85 调色漆
39 电缆漆、其他电工漆	63 涂布漆	86 标志漆、路标漆、马路画线漆
40 防污漆	64 可剥漆	87 汽车(车身)漆
41 水线漆	65 卷材涂料	88 汽车(底盘)漆
42 甲板漆	66 光固化涂料	89 其他汽车漆
43 船壳漆	67 隔热涂料	90 汽车修补漆
44 船底漆	70 机床漆	93 集装箱漆
45 饮水舱漆	71 工程机械用漆	94 铁路车辆用漆
46 油舱漆	72 农机用漆	95 桥梁漆、输电塔漆及其他(大型露天)钢结构漆
47 车间底漆	73 发电、输配电设备用漆	96 航空航天用漆
50 耐酸漆	77 内墙涂料	98 胶液
51 耐碱漆	78 外墙涂料	99 其他
52 防腐漆	79 屋面防水涂料	

(4) 在成膜物质和基本名称之间，必要时可插入适当的词语标明专业用途和特性等。

(二) 涂料的型号

根据国家标准，涂料型号的命名方法如下。见表 4-50。

1. 涂料型号

涂料型号由三部分组成：第一部分是涂料的类别，用汉语拼音字母表示；第二部分是基本名称，用两位阿拉伯数字表示；第三部分是序号。

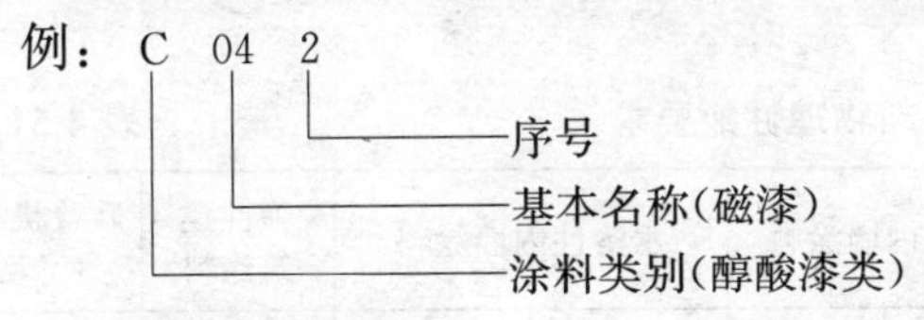

2. 辅助材料型号

辅助材料型号由两部分组成：第一部分是辅助材料种类；第二部分是序号。辅助材料种类按用途分为：X——稀释剂；F——防潮剂；G——催干剂；T——脱漆剂；H——固化剂。

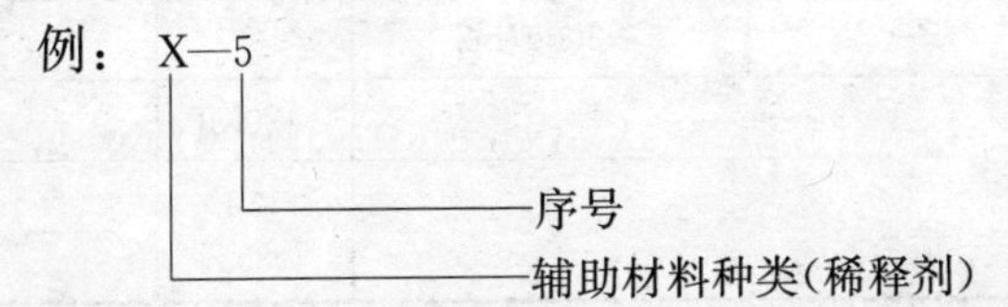

三、建筑涂料的验收、储运、保管

建筑涂料在进入施工现场被使用前，必须对产品进行质量验收。验收主要分为资料验收和实物验收。

（一）资料验收

1. 质量证明书验收

建筑涂料在进入工程使用前应对质量证明书验收。质量证明书必须字迹清楚，质量证明书中应注明：供方名称、合同等。进场时均应有产品名称、执行标准、产品等级、型号、颜色、生产日期、生产企业的质量证明书，且必须经施工方验收合格后方可使用。

2. 产品包装和标志

建筑涂料进场时，必须符合有关国家标准或企业标准。供需双方应对产品的包装、数量以及标志进行检查，标志包括生产厂名、产品名称、执行标准、等级、生产日期或批号、颜色及储运与运输时的注意事项。同时核对包装标识与质量证明书上所述内容是否一致，如发现包装有漏损、数量有出入、标志不符合规定等现象，即认为不合格。

（二）实物质量验收

实物质量验收分为外观质量验收和物理性能验收。

1. 外观质量验收

外观质量验收可从容器中状态、颜色质量进行验收。其中容器中状态要求搅拌后呈均匀状态、无硬块；颜色应使用相同的批号，当同一颜色批号不同时，应预先混合均匀，以保证同一墙面不产生色差。

2. 物理性能验收

对于不同涂料的物理性能要求有所不同，但在低温稳定性、干燥时间、施工性、涂膜外观的要求基本上是相同的，低温稳定性在－5±2℃三次循环不变质，干燥时间小于2h，施工性涂刷两道无障碍，涂膜外观无针孔和流挂。而其余性能要求：耐水性、耐碱性、耐洗刷性、耐沾污性、耐人工气候老化性、对比率、涂层温变性等指标(表4-51～表4-54)，可按产品的有效性能检测报告与表内要求进行对比验收。

内墙涂料物理性能要求 **表4-51**

检验项目	合成树脂乳液内墙涂料			水溶性内墙涂料		弹性建筑涂料	砂壁状涂料（Y型）
	优等品	一等品	合格品	Ⅰ	Ⅱ	—	—
对比率(白色和浅色)	≥0.95	≥0.93	≥0.90	—		≥0.93	—
耐碱性	24h无异常			—	24h无异常	48h无异常	48h无异常
耐洗刷性(次)	≥1000	≥500	≥300	≥300	—	≥2000	—
遮盖力	—			≥300g/m2		—	—
拉伸强度(标准状态下)	—					≥1.0MPa	—
断裂伸长率（标准状态下；热处理80℃）	—					≥150% ≥80%	—

续表

检验项目	合成树脂乳液内墙涂料			水溶性内墙涂料		弹性建筑涂料	砂壁状涂料（Y型）
	优等品	一等品	合格品	Ⅰ	Ⅱ	—	—
初期干燥抗开裂性	—						6h 无裂纹
耐冲击性	—						涂层无裂纹剥落及明显变形
粘结强度	—						≥0.7MPa
耐干擦性	—			≤1		—	—
细度	—			≤100μm		—	

建筑复层涂料物理性能要求 **表 4-52**

项目			指标		
			优等品	一等品	合格品
初期干燥抗裂性			无裂纹		
粘结强度（MPa）	标准状态≥	RE	1.0		
		E、Si	0.7		
		CE	0.5		
	浸水后≥	RE	0.7		
		E、Si、CE	0.5		
透水性（mL）	A型＜		0.5		
	B型＜		2.0		
耐候性（白色和浅色）	老化时间（h）		600	400	250
	外观		不起泡、不剥落、无裂纹		
	粉化（级）≤		1	1	1
	变色（级）≤		2	2	2
耐冲击性			无裂纹、剥落以及明显变形		
耐沾污性（白色和浅色）	平面状（%）		≤15	≤15	≤20
	立体状（%）		≤2	≤2	≤3

外墙涂料物理性能要求 **表 4-53**

检验项目	合成树脂乳液外墙涂料			溶剂型外墙涂料			弹性涂料	砂壁状涂料（W型）	外墙无机建筑涂料	
	优等品	一等品	合格品	优等品	一等品	合格品			Ⅰ	Ⅱ
对比率（白色和浅色）	≥0.93	≥0.90	≥0.87	≥0.93	≥0.90	≥0.87	≥0.90	—	≥0.95	≥0.95
耐碱性	48h 无异常			48h 无异常			48h 无异常	96h 无异常	168h 无异常	

续表

检验项目	合成树脂乳液外墙涂料			溶剂型外墙涂料			弹性涂料	砂壁状涂料(W型)	外墙无机建筑涂料	
	优等品	一等品	合格品	优等品	一等品	合格品			Ⅰ	Ⅱ
耐水性	96h无异常			168h无异常			96h无异常	96h无异常	168h无异常	
耐洗刷性(次)	≥2000	≥1000	≥500	≥5000	≥3000	≥2000	≥1000	—	≥1000	
耐沾污性(白色和浅色)	≤15%	≤15%	≤20%	≤10%	≤10%	≤15%	≤30%	5次循环试验后≤2级	≤20%	≤15%
拉伸强度	—						≥1.0	—		
断裂伸长率(标准状态 −10℃处理 80℃热处理)	—						200% 40% 80%	—		
涂料热储存稳定性	—							1个月无结块凝聚、霉变现象	1个月无结块、凝聚、霉变现象	

内墙腻子物理性能要求　　表4-54

检验项目		内墙腻子质量要求		外墙腻子质量要求	
		Ⅰ类	Ⅱ类	P型	R型
耐磨性(%)		20～80		手工可打磨	
干燥时间(表干)		<5h			
低温稳定性		−5℃冷冻4h无变化，刮涂无困难		膏状腻子需做此项检测，要求同左	
耐水性(48h)		—	无异常	—	96h无异常
耐碱性(24h)		—	无异常	—	48h无异常
粘结强度(MPa)	标准状态	>0.25	>0.5	≥0.6	
	浸水后	—	>0.3	—	
	冻融循环5次	—		≥0.4	
施工性		刮涂二道无障碍			
初期干燥抗开裂性		—		6h无裂纹	
动态抗开裂性		—		≥0.1，<0.3	—
吸水量(g/10min)		—		2	

（三）建筑涂料储运与保管

(1) 建筑涂料在储存和运输过程中，应按不同批号、型号及出厂日期分别储运。建筑涂料储存时，应在指定专用库房内，保证通风干燥、防止日光直接照射，其储存温度在5～35℃。

(2) 溶剂型建筑涂料存放地点必须防火，必须满足国家有关的消防要求。

(3) 对未用完的建筑涂料应密封保存，不得泄漏或溢出。

(4) 存放时间过长要经过检验、试用才能使用。

第六节 人 造 板

人造板是以木材或其他木材类植物纤维为原料，经一定机械或化学加工，分离成各种单元材料，继而施加或不施加胶粘剂并加热加压而制成的板材。主要包括胶合板、中密度纤维板、刨花板等。

一、胶合板

(一) 胶合板制作工艺与分类

胶合板按其结构主要可分为单板胶合板和木芯胶合板。

单板胶合板是由原木沿年轮方向旋切成大张单板，经干燥、涂胶后按相邻单板层木纹方向相互垂直的原则组坯、胶合而成的板材。最外层的正面单板称为面板，反面的称为背板，内层板称为芯板。工程中常见的有3层、5层、7层、9层、11层胶合板等。

木芯胶合板又分为细木工板和层积板，工程上常用的是细木工板。细木工板(俗称大芯板)是由两片单板中间粘压拼接木板而成，其竖向(以芯材走向区分)抗弯强度差，但横向抗弯强度较高。

按胶合板使用的场所分：干燥条件下使用、潮湿条件下使用、室外条件下使用。

按表面加工状况分：未砂光板、砂光板、预饰面板(装饰单板、薄膜、浸渍等)。工程上常用的是装饰单板贴面胶合板，装饰单板贴面胶合板是利用天然木质装饰单板或人造木质装饰单板贴在胶合板表面而制成的板材。

目前胶合板在工程中使用最多的是：细木工板、三层及多层普通胶合板和装饰单板贴面胶合板。为消除木材各向异性的缺点，增加强度，制作胶合板时应遵守两个原则：一是对称原则，对称层的单板厚度、树种、含水率、木纹方向、制造方法都相同，以使各种内应力平衡。二是奇数原则，就是胶合板由奇数层单板胶合而成。胶合板在室内装饰装修中被广泛用于制作木门、木地板基层、门套线、护墙板、厨房家具、书桌、床、吊顶和各种类的装饰性家具等。

胶合板常用的规格有：915mm×915mm、915mm×1830mm、1220mm×1220mm、1220mm×1830mm、1220mm×2440mm等。

(二) 胶合板的主要技术指标

(1) 甲醛释放量：E1级甲醛释放量不超过1.5mg/L，E2级甲醛释放量不超过5.0mg/L，造成甲醛释放量不合格的主要原因是胶粘剂配方落后，胶粘剂中含有较多的游离甲醛。

(2) 含水率指标见表4-55。

(3) 胶合板强度指标见表4-56。

含水率指标 表 4-55

胶合板材种类	Ⅰ类、Ⅱ类	Ⅲ类
阔叶树材	6%～14%	6%～16%
针叶树材		

胶合板强度指标 表 4-56

树种名称或木材名称	类别	
	Ⅰ、Ⅱ类(MPa)	Ⅲ类(MPa)
椴木、杨木、拟赤杨、泡桐、橡胶木、柳桉、奥克榄、白梧桐、异翅香、海棠木	≥0.7	≥0.7
水曲柳、荷木、枫香、槭木、榆木、柞木、阿必东、克隆、山樟	≥0.8	
桦木	≥1.0	
马尾松、云南松、落叶松、云杉、辐射松	≥0.8	

（三）胶合板进场的实物验收

(1) 胶合板进场时外包装必须清楚标明：产品名称、规格型号、甲醛释放量、生产厂家和地址、出厂编号、执行标准、产品等级、树种、张数、批号等，并对其进行验收。

(2) 胶合板一般外包装用塑料膜进行包装，每包产品一般在 50～100 张板。现场一般抽取 8～13 张板对其尺寸偏差、外观质量进行检测。国家标准规定胶合板长度和宽度公差为±0.5mm。普通胶合板按板上可见的材质缺陷和加工缺陷的数量和范围分成三个等级，即优等品、一等品和合格品。这三个等级的面板均应砂(刮)光，特殊需要的可不砂(刮)光，或两面均砂光。一般通过目测胶合板上的允许缺陷来判定其等级。

进行外观分等的缺陷种类主要有：活节、木材异常结构、裂缝、孔洞、变色、腐朽、表板拼接离缝、表板叠层、芯板叠离、长中板叠、鼓泡、分层、凹陷、压痕、毛刺沟痕、表板砂透、透胶及其他人为污染、补片、补条等。

(3) 胶合板的常见问题主要是甲醛释放量超标，胶合强度达不到国家标准规定值。胶合强度是胶合板产品的一项重要性能指标，该项指标不合格将直接影响产品的使用寿命，使产品无法使用而成为废品。

甲醛释放量超标则直接影响到装修后的室内空气质量，并且由于甲醛释放是一个长期的过程，所以一旦出现甲醛释放量超标问题，就很难控制它，因此在使用胶合板及其他人造板时，一定要注意板材的甲醛释放量的问题，即使是使用了符合环保要求的板材也要注意控制板材在每套房间中的用量，因为室内的甲醛是一个积聚的过程，所以即使使用了环保的板材，如果用量太多也会造成室内空气中的甲醛超标。

（四）胶合板资料验收

胶合板进场时必须对甲醛释放量等级、出厂合格证、进场检测报告、备案证明、生产许可证、品种、产品等级、出厂日期、产品执行标准等资料进行检查验收。

（五）胶合板实物验收

胶合板进场后应进行甲醛释放量复检。

检验内容和检验批的确定：胶合板应按批进行质量检验。检验批按下列规定进行：

（1）同厂家生产的同品种、同规格型号、同树种、同等级的胶合板为一批。但胶合板一批的总量不超过1000张。

（2）取样时应随机从不少于3张大板中间切割成500mm×500mm五块作为试样。

（3）物理力学性能的主要检测项目有：含水率、胶合强度、静曲强度、表面胶合强度等。

（六）包装、储存与保管

每包胶合板应挂有标签，其上应注明：生产厂家、品名、商标、产品标准号、规格、树种、类别、甲醛释放量等级、张数、批号等。

胶合板在运输过程中，应保证清洁干燥，防止淋雨的机械损伤。胶合板在储存过程中，应保证不受潮、不受污染、不受损伤等，堆放时保持板垛水平。

二、中密度纤维板

（一）中密度纤维板制作工艺和分类

中密度纤维板是由木质纤维或其他植物纤维为原料，施加脲醛树脂或其他合成树脂，在加热加压条件下，压制而成的人造板材；也可以加入其他合适的添加剂以改善板材特性。纤维板很容易进行涂饰加工。各种油质、胶质的漆类均可涂饰在纤维板上，使其美观耐用，中密度纤维板本身是一种美观的装饰板材，可覆贴在被装饰或需要保温的结构或构件上，也可用各种花样美观的胶纸薄膜及塑料贴柬，单板或金属薄板等材料胶贴在纤维板表面上。

中密度纤维板是木材的优良代用品，可用于室内地面装饰，也可用于室内墙面装饰，制作硬质纤维板室内隔断，用双面包箱的方法达到隔声的目的，经冲制、钻孔，纤维板还可制成吸声板用于建筑的吊顶。

中密度纤维板分为：室内型板（MDF）、防潮型板（MDEH）、室外型板（MDF. E）。

中密度纤维板的优点：

（1）在结构上不仅比天然木材均匀，而且完全避免了节子、腐蚀、虫蛀等缺陷，同时中密度纤维板胀缩性小。

（2）便于加工、起线；表面平整，易于粘贴饰面；变形小，翘曲小。

（3）内部结构均匀，有较高的抗弯强度和抗冲击强度。

中密度纤维板的缺点是游离甲醛释放量较高，受潮后容易膨胀变形。

常用中密度纤维板的规格有：610mm×1220mm、915mm×1830mm、1000mm×2000mm、915mm×2150mm、1220mm×1830mm、1220mm×2440mm；板厚有：2.5mm、3.0mm、3.2mm、3.5mm、4.0mm、5.0mm。

（二）中密度纤维板的主要技术指标

甲醛释放量应符合国家标准《室内装饰装修材料　人造板及其制品中甲醛释放限量》（GB 18580—2001），E1级甲醛释放量不超过9mg/100g，E2级甲醛释放量不超过30mg/100g，E2级不可直接用于室内，必须经饰面处理后方可用于室内。

主要物理力学性能指标有内结合强度、弹性模量、静曲强度、吸水厚度膨胀率等，见表4-57。

室内型中密度纤维板主要物理力学性能　　表4-57

性能		单位	公称厚度范围(mm)						
			1.8～2.5	2.6～4.0	4.1～6.0	6.1～9.0	9.1～12.0	12.1～19.0	19.1～30.0
内结合强度	优等品	MPa	0.65	0.65	0.65	0.65	0.60	0.55	0.55
	一等品		0.60	0.60	0.60	0.60	0.55	0.50	0.50
	合格品		0.55	0.55	0.55	0.55	0.50	0.45	0.45
静曲强度≥		MPa	23	23	23	23	22	20	18
弹性模量≥		MPa	—	—	2700	2700	2500	2200	2100
吸水厚度膨胀率		%	45	35	30	15	12	10	8
含水率		%	4～13						

（三）中密度纤维板资料验收

中密度纤维板进场时甲醛释放量必须经检查验收合格后方可使用。中密度纤维板进场时，必须对出厂合格证、进场检测报告、备案证明、生产许可证、品种、甲醛释放量等级、产品等级、出厂日期、产品执行标准等资料进行检查验收。

（四）实物验收

1. 中密度纤维板进入施工现场后应进行甲醛释放量复检

检验内容和检验批的确定：

(1) 同一厂家生产的同品种、同规格型号、同树种、同等级的中密度纤维板为一批。但纤维板一批的总量不超过1000张。

(2) 取样时应随机从不少于3张大板中间切割成500mm×500mm五块作为检验试样。

(3) 物理力学性能的检验项目包括：胶合强度、静曲强度、吸水厚度膨胀率、握螺钉力等。

2. 中密度纤维板的外观质量验收

(1) 观察板材表面是否有粗糙、均匀性较差等缺陷，影响板材装饰效果。

(2) 观察板材表面是否污染严重，如胶斑、油污等，影响板材的再次加工。

(3) 观察板材表面是否厚度偏差较大及局部松软。

(4) 外观质量应符合表4-58要求。

中密度纤维板正表面外观质量要求　　表 4-58

缺陷名称	缺陷规定	允许范围		
		优等品	一等品	合格品
局部松软	直径≤50mm	不允许		3个
边角缺损	宽度≤10mm	不允许		允许
油污	直径≤8mm	不允许		1个
碳化	—	不允许		

（五）包装、储存、保管

产品应按不同类型、规格、等级分别妥善包装。每个包装应挂有注明生产厂家、品名、商标、规格、等级、张数、产品标准号的标志。产品在运输保管过程中应注意防潮、防水、防晒、防变形。

三、刨花板

（一）刨花板的制作工艺和分类

刨花板是利用施加胶料和辅料（或未施加胶料和辅料）的木材或非木材形成的刨花材料（如木材刨、亚麻屑、甘蔗渣等）经压制而成的板材。

根据刨花板的结构可分为单层结构刨花板、三层结构刨花板、渐变结构刨花板、定向刨花板、华夫刨花板、模压刨花板。

1. 优点

（1）有良好的吸声和隔声性能。

（2）各部方向的性能基本相同，结构均匀。

（3）加工性能好。

（4）表面平整、纹理逼真、密度均匀、厚度误差小、耐污染、耐老化、美观、可进行油漆和各种贴面。

（5）不需干燥，可以直接使用。

2. 缺点

密度较大；刨花板边缘粗糙，容易吸湿；握螺钉力低于木材。

3. 规格

刨花板的规格很多，长有 915～2400mm，宽有 915～1220mm，厚有 6～30mm。

（二）刨花板主要技术指标

刨花板技术指标按使用状态有所区别，分为：在干燥状态下使用的普通板要求、在干燥状态下使用的家具及室内装修用板要求、在干燥状态下使用的结构用板要求、在潮湿状态下使用的结构用板要求、在干燥状态下使用的增强结构用板要求、在潮湿状态下使用的增强结构用板要求。其主要技术指标有游离甲醛释放量、静曲强度、内结合强度、表面胶合强度、2h 吸水厚度膨胀率等。见表 4-59。

（三）刨花板的外观质量

装饰装修用刨花板必须砂光，砂光后的板面外观质量应符合表 4-60。

干燥状态下使用室内装修用刨花板物理性能要求　　表 4-59

性能	单位	公称厚度范围(mm)							
		>3～4	>4～6	6～13	13～20	20～25	25～32	32～40	>40
静曲强度	MPa	≥13	≥15	≥14	≥13	≥11.5	≥10	≥8.5	≥7
弯曲弹性模量	MPa	≥1800	≥1950	≥1800	≥1600	≥1500	≥1350	≥1200	≥1050
内结合强度	MPa	≥0.45		≥0.40	≥0.35	≥0.30	≥0.25	0.20	
表面结合强度	MPa	≥0.8							
2h 吸水厚度膨胀率	%	≤8.0							

刨花板外观质量要求　　表 4-60

缺陷名称		允许值
压痕		不允许
漏砂		不允许
在任意 400cm² 板面上各种刨花尺寸允许个数	≥20mm²	不允许
	5～20mm²	3

（四）刨花板资料验收

刨花板进场时甲醛释放量必须经检查验收合格后才能使用。刨花板进场时，必须对出厂合格证、进场试验报告、备案证明、品种、甲醛释放量等级、产品等级、出厂日期、产品执行标准等资料进行验收。其中生产许可证只针对有要求的省市，如：上海。

（五）实物进场验收

（1）刨花板进入现场后应进行甲醛释放量复检。

（2）刨花板应按批进行质量检验。检验批按如下规定：

1）同一厂家生产的同品种、同规格型号、同树种、同等级的刨花板为一批，但其总量不超过 1000 张。

2）应随机抽取不少于 3 张大板中间切割成 5 块的规格为 500mm×500mm 的试样作为检验样品。

3）物理力学性能的检验项目为：静曲强度、内结合强度、表面胶合强度、2h 吸水厚度膨胀率等。

（六）包装、储存、保管

产品应按不同类型、不同规格、不同等级分别妥善包装。每个包装应有注明生产厂家、商标、规格、等级、张数和产品标准号的标志。产品在保管运输过程中应注意防潮、防水、防晒、防变形。

第七节　木　地　板

木地板是现在装饰装修中最常用的地面铺设材料，具有良好的脚感，最常使用的包括：实木地板、浸渍纸层压木质地板(强化木地板、实木复合地板)。

一、实木地板

（一）实木地板的制作工艺与分类

实木地板（又称原木地板）就是用木材直接加工而成，现在市场上常见的是漆板，具有无污染、花纹自然、质感强、富有弹性等优点。实木地板分为榫接地板、平接地板、镶嵌地板、铝丝榫接镶嵌地板、胶纸或胶网平接地板等，现在常用的是榫接地板。

（二）实木地板的主要技术性质

我国现行的国家标准《实木地板》（GB/T 15036—2009），该标准对实木地板在外观质量、加工精度和物理性能三个方面规定了指标。

我国实木地板标准规定实木地板分为优等品、一等品和合格品三个等级。如有其他分等形式均不符合我国实木地板标准（例如有的厂家标识等级为“AAA”）。

1. 外观质量指标

地板表面腐朽、缺棱，漆膜鼓泡：三个等级都不允许有。

地板表面裂纹：优等品、一等品不允许有，合格品允许有两条，但对裂纹的长度、宽度有要求。

地板表面活节：优等品、一等品允许有 2～4 个，合格品个数不限，但有尺寸限制。板背面的活节尺寸与个数不限。

死节与蛀孔：优等品不允许有；一等品、合格品有数量限制。

色差：标准对此不作要求。

2. 实木地板的加工精度主要指标有：长度、宽度、厚度、翘曲度的偏差及拼装离缝和拼装高度差。

3. 物理力学性能指标见表 4-61。

实木地板物理性能　　表 4-61

名称	单位	优等品	一等品	合格品
含水率	%	7≤含水率≤我国各地区的平均含水率		
漆板表面耐磨	g/100r	≤0.08；且漆膜未磨透	≤0.10；且漆膜未磨透	≤0.15；且漆膜未磨透
漆膜附着力	—	0～1	2	3
漆膜硬度	—	≥H		

注：含水率是指地板未拆封和使用前的含水率，我国各地含水率见《锯材干燥质量》（GB/T 6491—1999）附录 A。

（三）实木地板资料验收

实木地板进场时，必须对出厂合格证、进场检测报告、备案证明、生产许可证、品种、产品等级、出厂日期、产品执行标准等资料进行检查验收。

（四）实木地板实物验收

1. 实木地板现场验收时应注意以下几点：

（1）产品必须是外包装完好，并且外包装上种类标识明确。

（2）树种假冒现象严重，商标标明树种和鉴定结果不符的现象十分普遍，并且大多是以次充好。如用桦木冒充樱桃木或枫木，用东南亚杂木假冒进口紫檀木、柚木、山毛榉等。还有个别生产企业和经销商随意更改木材商品名，套用近似木材，引起误导。因此必须要求供货方提供国家标准的规范命名，必要时可以进行树种鉴定。

(3) 加工精度主要表现在部分产品厚薄不一，榫头企口不合缝和大小头宽窄不一等，特别是相邻两块地板拼接后的高度差严重，这使得铺装后的地面不平整，铺设后板与板之间存在较大的缝隙，影响装修质量和视觉效果。

(4) 漆膜质量主要表现在漆膜不够丰富，耐磨性较差，硬度较低。使用后表现为地板板面有划伤的现象。漆膜附着力是反映油漆地板较为重要的一项指标，如果漆膜附着力较差，铺设后地板油漆易产生开裂和剥落现象。检验漆板表面附着力的好坏，一般可用钥匙在漆板表面用力划痕，如果表面漆膜成块状脱落则说明地板的漆膜附着力较差，应慎重使用。

(5) 验收时应抽取10块地板在平地上进行铺装，看地板是否无法铺装或铺装后有无明显高低差、缝隙等异常现象。

2. 检验内容和检验批确定

(1) 实木地板的产品质量检验应在同一批次、同一规格、同一类产品中按规定抽取试样。

(2) 应随机抽取不少于6块作为检验样品。

(3) 物理力学性能的检验项目有：含水率、加工精度、漆膜质量、表面耐磨等。

(五) 包装、储存、运输

产品在运输和储存过程中应平整堆放，防污损、防水、防潮、防虫蛀。

产品包装箱或包装袋外表应印有或贴有清晰且不易脱落的标志，用中文标注生产厂家、厂址、执行标准号、产品名称、规格、木材名称、等级、数量(m^2)和批次等标志。

产品入库时应按树种、规格、批号、等级、数量，用聚乙烯吹塑薄膜密封后装入硬纸板内或包装袋内。

二、浸渍纸层压木质地板(强化木地板)

(一) 强化木地板制作工艺和分类

浸渍纸层压木质地板俗称强化木地板，是以高密度纤维板(大部分产品)、中密度纤维板和刨花板为基材的浸渍纸胶膜贴面层压复合而成，表面再覆以三聚氰胺和三氧化二铝等耐磨材料。该地板的特点是耐磨性强，表面花纹整齐，色泽均匀，节约木材资源。

分类：

(1) 按地板基材分：以刨花板为基材的浸渍纸层压木质地板；以中密度纤维板为基材的浸渍纸层压木质地板；以高密度纤维板为基材的浸渍纸层压木质地板。

(2) 按装饰层分：单层浸渍纸层压木质地板；多层浸渍纸层压木质地板；热固性树脂装饰层压木质地板。

(3) 按表面图案分：浮雕浸渍纸层压木质地板；光面浸渍层压木质地板。

(4) 按用途分：公共场所用浸渍纸层压木质地板(耐磨转数不少于 9000 转)；家庭用浸渍纸层压木质地板(耐磨转数不少于 6000 转)。

(二) 强化木地板的技术要求

强化木地板执行的国家标准是《浸渍纸层压木质地板》(GB/T 18102—2007)，该标准对强化木地板在外观质量、规格尺寸及尺寸偏差、理化性能三个方面规定了指标，其中强化木地板的质量问题主要集中在理化指标上，理化指标是强化木地板性能的综合反映。

(1) 国家标准中规定家庭用强化木地板表面耐磨不少于 6000 转，公共场所用强化木地板表面耐磨不少于 9000 转。市场上产品质量差异很大：有些地板由于厂商为了降低成本没有在地板表面压贴耐磨纸，或使用质量达不到要求的耐磨纸，这就大大降低了地板的使用寿命。

(2) 甲醛释放量：国家标准《室内装饰装修材料　人造板及其制品中甲醛释放限量》(GB 18580—2001)规定，强化木地板通过干燥器法测试，必须达到 E1 级标准，即甲醛释放量不大于 1.5mg/L。

(3) 基材密度：强化木地板目前主要有两种基材，一种是高密度纤维板，密度为 0.82～0.94g/cm^3，另一种是特殊形态的刨花板。国家标准规定，基材密度不小于 0.80g/cm^3 为合格。

(4) 吸水厚度膨胀率：国家标准规定，吸水厚度膨胀率不大于 10.0%为合格，一等品应不大于 4.5%，优等品不小于 2.5%。

(5) 尺寸稳定性：该指标是反映室内温湿度变化所引起的产品尺寸变化，以不大于 0.5mm 为合格。

(6) 含水率：反映产品干缩湿胀程度，国家标准规定以 3.0%～10.0%为宜。

(7) 表面胶合强度：反映强化木地板的表面装饰层与基材之间的胶合质量，应不小于 1.0MPa。如果胶合质量差，产品在使用一段时间后，装饰层会产生剥离。

(8) 内结合强度：反映基材内部纤维之间胶合质量好坏的关键，应不小于 1.0MPa。

(9) 静曲强度：反映产品机械强度的指标，反映产品抵抗弯曲破坏的能力，应不小于 30.0MPa。

(10) 表面耐划痕：反映产品抵抗尖锐硬物的能力。合格品应不小于 2.0N，表面无整圈连续划伤，优等品应不小于 3.5N，表面无整圈连续划痕。

(11) 表面耐香烟灼烧：反映产品的表面阻燃性能。香烟灼烧后，地板无墨斑、裂纹和鼓泡为合格。

(12) 表面抗冲击性：反映产品耐冲击能力。采用落球试验，观察在重球落下后，试件表面无凹陷。该指标不超过 12mm 为合格。

(13) 表面耐污染、腐蚀、干热、龟裂、水蒸气、冷热循环，经过相应检测后，表面无污染、腐蚀、龟裂、鼓泡、凸起、变色等为宜。

(三) 强化木地板的实物验收

(1) 产品必须是包装完好，并且包装上种类标识明确。

（2）真正的强化木地板应是以高密度纤维板为基材，基材密度越高，强化木地板的力学性能、抗冲击性能越好。但它也不是越大越好，在同样条件下，基材密度越高，其吸水厚度膨胀率就偏大，尺寸稳定性差。国际标准厚度为8mm，低于此厚度的产品应慎重对待。

（3）观察强化木地板表面应无污染、腐蚀、龟裂、鼓泡、凸起、变色等为宜。

（4）现在市场上的强化木地板通常为锁扣地板，验收时应随机抽取10块地板在平地上进行铺装，看地板是否无法铺装或铺装后有无明显高低差等现象。

（四）强化木地板资料验收

强化木地板进场时，必须对出厂合格证、进场检测报告、备案证明、生产许可证、品种、甲醛释放量等级、产品等级、出厂日期、产品执行标准等资料进行检查验收。

（五）实物检验

（1）强化木地板产品进场时甲醛释放量必须检查验收合格后才能使用。

（2）强化木地板的产品质量检验应在同一批次、同一规格、同一类产品中按规定抽取试样。

（3）取样时应随机抽取6块强化木地板作为检验样品。

（4）物理力学性能的检验项目有：含水率、加工精度、漆膜质量、表面耐磨等。

（六）包装、储存、保管

包装标签上应有生产厂家名称、地址、出厂日期、产品名称、数量及防潮、防晒等标记；产品出厂时应按产品类别、规格、等级分别包装。企业应根据自己产品的特点提供详细的中文安装使用说明书。包装要做到产品免受磕碰、划伤、污损。

产品入库前，应在产品适当的部位标记生产厂家名称、产品名称、产品型号、商标、生产日期及产品类别、等级规格等。

三、实木复合地板

（一）实木复合地板制作工艺和分类

以实木拼板或单板为面层、实木条为芯层、单板为底层制成的企口地板和以单板为面层、胶合板为基材制成的企口地板，以面层树种来确定地板树种名称。由于它是由不同树种的板材交错层压而成，因此克服了实木地板单向同性的缺点，干缩湿胀率小，具有较好的尺寸稳定性，可以做成相对大的规格，并保留了实木地板的自然木纹和舒适的脚感。

分类：

（1）按面层材料分：实木拼板作为面层的实木复合地板、单板作为面层的实木复合地板。

（2）按结构分：三层结构实木复合地板、以胶合板为基材的实木复合地板。

（3）按表面有无涂饰分：涂饰实木复合地板、未涂饰实木复合地板。

（二）实木复合地板的技术要求

实木复合地板执行的国家标准为《实木复合地板》（GB/T 18103—2000），标准根据产品的外观质量、理化性能分为优等品、一等品、合格品。标准规定了实木复合地板的外观质量要求、规格尺寸和尺寸偏差、理化性能指标。其物理性能指标见表4-62。

实木复合地板的主要物理性能要求　　表4-62

检测项目	单位	优等品	一等品	合格品
浸渍剥离	—	每一边的任一胶层开胶的累计长度不超过该胶层长度的1/3		
静曲强度	MPa	≥30		
弹性模量	MPa	≥4000		
含水率	%	5～14		
表面耐磨	g/100r	≤0.08，且漆膜未磨透		≤0.08，且漆膜未磨透
漆膜附着力	—	割痕及割痕交叉处允许有少量断续剥落		
表面耐污染	—	无污染痕迹		

其中实木复合地板最主要的理化性能指标是浸渍剥离、静曲强度、弹性模量、漆膜附着力、表面耐磨、表面耐污染等。

考核实木复合地板尺寸偏差的指标主要有地板的厚度偏差、直角度、边缘不直度、翘曲度、拼装离缝、拼装高度差等。

甲醛释放量应符合国家标准《室内装饰装修材料　人造板及其制品中甲醛释放限量》(GB 18580—2001)E1级，甲醛释放量不超过1.5mg/L。

(三) 实木复合地板资料验收

实木复合地板进场时甲醛释放量必须经检查验收合格后才能使用。实木复合地板必须对出厂合格证、进场检测报告、备案证明、生产许可证、品种、甲醛释放量等级、产品等级、出厂日期、产品执行标准等资料进行检查验收。

(四) 实木复合地板的实物验收

(1) 产品必须包装完好，并且外包装上种类标识明确。

(2) 贯穿实木复合地板表层和底层材质、厚度是否对称，若不对称易产生弯曲变形。

(3) 实木复合地板有些表层厚度仅在0.2～0.4mm之间，这样的厚度只能用来做装饰，而作地板则耐磨性不够，建议使用表层厚度在0.8mm以上。

(4) 取出几片地板观察，地板有无开胶、裂纹、漆膜鼓泡等影响外观质量及使用的现象。

(5) 验收时应随机抽取10块地板在地上进行铺装，看地板是否有无法铺装或铺装后有无明显高低差、缝隙等异常现象。

(6) 实木复合地板的产品质量检验应在同一批次、同一规格、同一类产品中按规定抽取试样。

(7) 取样时应随机抽取不少于6块作为检验试样。

(8) 物理力学性能的检验项目有：浸渍剥离、静曲强度、弹性模量、漆膜附着力、表面耐磨、表面污染等。

（五）包装、储存、保管

应按产品类别、规格、等级分别包装。企业应根据自己产品的特点提供详细的中文安装使用说明书。包装要做到免受磕碰、划伤、污损。

产品入库前，应在产品适当的部位标记生产厂家名称、产品名称、产品型号、商标、生产日期、产品类别、等级规格等。

包装标签上应有生产厂家名称、地址、出厂日期、产品名称、数量及防潮、防晒等标记。

第八节 建筑用轻钢龙骨

建筑用轻钢龙骨是建设工程中用于轻质隔墙和装饰吊顶的主要受力材料，随着建筑的发展，人们越来越注重对公共建筑、工业建筑及住宅的装饰，由轻钢龙骨、纸面石膏板、装饰石膏板、矿（岩）棉吸声板等轻质材料组成隔墙和吊顶，因其具有自重轻、防火、隔声、施工便捷等特点，被用于非承重内隔墙尤其是吊顶中。

建筑用轻钢龙骨是以冷轧钢板（带）、镀锌钢板（带）或彩色涂层钢板（带）做原料，采用冷弯工艺生产的薄壁型钢。

建筑用轻钢龙骨主要是作为轻质隔墙和吊顶的龙骨，与传统木龙骨相比较，它具有重量轻、强度高、防火、防腐等优点。建筑用轻钢龙骨能与各种装饰板材配套使用，具有良好的性能及装饰效果，用这种轻质墙板可以对房间进行随意分隔，吊顶可以做成各种形状的装饰吊顶。

建筑用轻钢龙骨可以用镀锌钢板（带）或彩色涂层钢板（带）直接加工成龙骨，也可用冷轧钢板（带）加工成龙骨后再进行镀锌处理。

一、轻钢龙骨的分类和组成

1. 建筑用轻钢龙骨的分类

建筑用轻钢龙骨分为墙体龙骨和吊顶龙骨两种。

吊顶龙骨分为U形、T形、H形、V形直卡式吊顶龙骨。

2. 建筑用轻钢龙骨的组成

墙体龙骨由横龙骨、竖龙骨、通贯龙骨、支撑卡组成。

U形吊顶龙骨由承重龙骨、覆面龙骨、承载龙骨连接件、覆面龙骨连接件、挂件、挂插件、吊件、吊杆组成。

T形吊顶龙骨由主龙骨、次龙骨、边龙骨、吊件、吊杆组成。

H形吊顶龙骨由承载龙骨、H形龙骨、插片、吊件、挂件组成。

V形直卡式吊顶龙骨由V形承载龙骨、覆面龙骨、吊件组成。

3. 隔墙轻钢龙骨的适用范围

根据国家标准《建筑用轻钢龙骨》（GB/T 11981—2008），隔墙轻钢龙骨主要有Q50、Q75、Q100和Q150系列。Q50系列用于层高小于3.5m的隔墙，Q75系列用于层高为3.5～6.0m的隔墙，Q100以上系列用于层高在6.0m以上的隔墙及外墙。隔墙轻钢龙骨的名称、代号、规格及适用范围见表4-63。

隔墙轻钢龙骨的名称、代号、规格及适用范围　　表 4-63

名称	产品代号	标记	规格尺寸(mm)			适用范围
			宽	高	厚	
沿顶沿地龙骨	Q50	QU50×40×0.8	50	40	0.8	层高 3.5m 以下
竖龙骨		QC50×45×0.8	50	45	0.8	
通贯龙骨		QU50×12×1.2	50	12	1.2	
加强龙骨		QU50×40×1.5	50	40	1.5	
沿顶沿地龙骨	Q75	QU77×40×0.8	77	40	0.8	层高 3.5～6.0m
竖龙骨		QC75×45×0.8	75	45	0.8	
		QC75×50×0.5	75	50	0.5	层高 3.5m 以下
通贯龙骨		QU38×12×1.2	38	12	1.2	层高 3.5～6.0m
加强龙骨		QU75×40×1.5	75	40	1.5	
沿顶沿地龙骨	Q100	QU102×40×0.5	102	40	0.5	层高 6.0m 以下
竖龙骨		QC100×45×0.8	100	45	0.8	
通贯龙骨		QU38×12×1.2	38	12	1.2	
加强龙骨		QU100×40×1.5	100	40	1.5	

隔墙轻钢龙骨主要适用于办公室、饭店、医院、娱乐场所、影剧院的分隔墙和走廊墙，尤其适用于高层建筑、加层工程的分隔墙及多层厂房、洁净车间的轻隔墙。

4. 吊顶轻钢龙骨的适用范围

根据国家标准《建筑用轻钢龙骨》(GB/T 11981—2008)，吊顶轻钢龙骨主要有D25、D38、D50 和 D60 四种系列，吊顶轻钢龙骨的名称、代号、规格见表 4-64。

吊顶轻钢龙骨的名称、代号、规格　　表 4-64

名称	产品代号	规格尺寸(mm)			吊顶间距(mm)	吊顶类型
		宽	高	厚		
主龙骨(承载龙骨)	D38	38	12	1.2	900～1200	不上人
	D50	50	15	1.2	1200	上人
	D60	60	30	1.5	1500	上人
次龙骨(覆面龙骨)	D25	25	19	0.5		
	D50	50	19	0.5		
L 形龙骨	L35	15	35	1.2		
T16-40 暗式轻钢吊顶龙骨	D-1 型吊顶	16	40		1250	不上人
	D-2 型吊顶	16	40		750	不上人防火
	D-3 型吊顶	DC+T16-40 龙骨构成骨架			900～1200	上人
	D-4 型吊顶	T16-40 配纸面石膏板			1250	不上人
	D-5 型吊顶	DC+T16-40 配铝合金吊顶板			900～1200	上人
主龙骨	D60(CS60)	60	27	1.5	1200	上人
主龙骨	D60(C60)	60	27	0.63	850	不上人

吊顶轻钢龙骨主要用于饭店、办公楼、娱乐场所和医院等新建或改建工程中。不上人吊顶承受吊顶本身的重量，龙骨断面一般较小。上人吊顶不仅要承受自身的重量，还要承受人员走动的荷载，一般可以承受 80～100kg/m^2 的集中荷载，常用于空间较大的影剧院、音乐厅、会议中心或有中央空调的顶棚工程。

二、轻钢龙骨的验收和储运

建筑用轻钢龙骨在进入施工现场被使用前，必须进行检查验收。验收包括资料验收和实物验收两部分。

（一）资料验收

1. 建筑用轻钢龙骨质量说明书

建筑用轻钢龙骨在进入施工现场时应对质量说明书进行验收。质量说明书必须字迹清晰，说明书中应注明：生产厂名、产品名称、规格及等级、生产日期和批号、产品标准及产品标准中所规定的各项出厂检测结果等。质量说明书应加盖生产单位公章或质检部门检验专用章，还应提供有效的产品性能检测报告。

2. 包装和标志

包装：产品应打捆包装，每捆重量不得超过 50kg，有彩色钢板复合的龙骨宜用纸箱包装，产品配件用木箱或其他合适材料包装，每件重量不得超过 50kg。

标志：在每一包装件上应标明生产厂名、产品标记、数量、质量等级、生产日期或批号。

产品标记由产品名称、代号、断面形状的宽、高、钢板厚度和标准号组成。

如断面形状为 U 形，宽度为 50mm，高度为 15mm，钢板带厚度为 1.2mm 的吊顶承载龙骨标记为：DU50×15×1.2GB/T 11981。

代号为：Q 表示墙体龙骨；D 表示吊顶龙骨；ZD 表示直卡式吊顶龙骨。

U 表示龙骨断面形状为 U 形；C 表示龙骨断面形状为 C 形；T 表示龙骨断面形状为 T 形；L 表示龙骨断面形状为 L 形；H 表示龙骨断面形状为 H 形；V 表示龙骨断面形状为 V 形。

（二）实物质量验收

实物质量验收分为外观质量验收、物理性能复检和送样检验。建筑用轻钢龙骨等级分为优等品、一等品和合格品。

1. 外观质量

建筑用轻钢龙骨外形要平整、棱角清晰，切口不许有毛刺和变形。镀锌层不许有起皮、起瘤、脱落等缺陷。对于腐蚀、损伤、黑斑、麻点等缺陷，按规定方法检测时，应符合表 4-65 的要求。

龙骨外观质量　　表 4-65

缺陷种类	优等品	一等品	合格品
腐蚀、损伤、黑斑、麻点	不允许	无较严重的腐蚀、损伤、麻点。面积不大于 1cm^2 的黑斑每米长度内不多于 3 处	

龙骨尺寸允许偏差应符合表 4-66 规定。

龙骨底面和侧面的平直度应不大于表 4-67 规定。

龙骨尺寸允许偏差(mm) **表 4-66**

项目		优等品	一等品	合格品
长度	C形、U形、V形、H形	+20 −10		
	T形孔距	±0.3		
覆面龙骨断面尺寸	宽度尺寸	±1.0		
	高度尺寸	±0.3	±0.4	±0.5
其他龙骨断面尺寸	宽度尺寸	±0.3	±0.4	±0.5
	高度尺寸	±1.0		
厚度		公差应符合相应材料国家标准要求		

底面和侧面的平直度(mm/1000mm) **表 4-67**

类别	品种	检测部位	优等品	一等品	合格品
墙体	横龙骨	侧面	0.5	0.7	1.0
	竖龙骨	底面	1.0	1.5	2.0
	通贯龙骨	侧面和底面			
吊顶	承载龙骨和覆面龙骨	侧面和底面			
	T形、H形龙骨	底面	1.3		

龙骨弯曲内角半径 R 应不大于表 4-68 规定。

龙骨弯曲内角半径(不包括T形、H形、V形龙骨)(mm) **表 4-68**

钢板厚度≤	0.70	1.00	1.20	1.50
弯曲内半径 R	1.50	1.75	2.00	2.25

龙骨角度允许偏差应符合表 4-69 规定。

龙骨角度允许偏差(不包括T形、H形) **表 4-69**

成型角较短边尺寸	优等品	一等品	合格品
10～18mm	±1°15′	±1°30′	±2°00′
大于 18mm	±1°00′	±1°15′	±1°30′

2. 物理性能检测

以 2000m 同型号、同规格的轻钢龙骨为一批，不足 2000m 按一批计。

(1) 墙体龙骨物理力学性能检测按表 4-70 规定抽取试样。

墙体龙骨物理性能检测用试件数量和尺寸 **表 4-70**

规格	横龙骨		竖龙骨		支撑卡	通贯龙骨	
	数量(根)	长度(mm)	数量(根)	长度(mm)	数量(只)	数量(根)	长度(mm)
Q150 Q100	2	1200	3	5000	24	5	1200
Q75	2	1200	3	4000	18	3	1200
Q50	2	1200	3	2700	12	2	1200

注：Q50 竖龙骨不允许开通贯孔，Q75 以上竖龙骨上通贯孔间距≥1200mm。

墙体龙骨组件的力学性能应符合表 4-71 的规定。

墙体龙骨组件的力学性能要求 **表 4-71**

类别	项目	要 求
墙体	抗冲击试验	残余变形量不大于 10.0mm，龙骨不得有明显的变形
	静载试验	残余变形量不大于 2.0mm

墙体龙骨表面防锈性能很重要，其表面应镀锌防锈，其双面镀锌量或双面镀锌层厚度不小于表 4-72 规定。以 3 根试件为一组。

墙体龙骨双面镀锌量或双面镀锌层厚度 **表 4-72**

项目	优等品	一等品	合格品
镀锌量(g/m^2)	120	100	80
双面镀锌层厚度(μm)	16	14	12

注：镀锌防锈最终裁定以双面镀锌量为准。

(2) 吊顶龙骨物理性能检测按表 4-73 规定所取试样。

吊顶龙骨物理性能试验用试件数量和尺寸 **表 4-73**

品 种	数 量	长度(mm)
承载龙骨	2 根	1200
面龙骨	2 根	1200
吊件	4 件	—
挂件	4 件	—

吊顶龙骨组件的物理性能应符合表 4-74 规定。

吊顶龙骨组件的物理性能要求 **表 4-74**

<table>
<tr><td rowspan="3">吊顶</td><td rowspan="2">U 形、V 形吊顶</td><td rowspan="3">静载试验</td><td>覆面龙骨</td><td>加载挠度不大于 10.0mm；
残余变形量不大于 2.0mm</td></tr>
<tr><td>承载龙骨</td><td>加载挠度不大于 5.0mm；
残余变形量不大于 2.0mm</td></tr>
<tr><td>T 形、H 形吊顶</td><td>主龙骨</td><td>加载挠度不大于 2.8mm</td></tr>
</table>

吊顶龙骨表面防锈性能很重要，其表面应镀锌防锈，其双面镀锌量或双面镀锌层厚度不小于表 4-75 的规定，以 3 根试件为一组试样。

吊顶龙骨双面镀锌量或双面镀锌层厚度 **表 4-75**

项目	优等品	一等品	合格品
镀锌量(g/m^2)	120	100	80
双面镀锌层厚度(μm)	16	14	12

注：镀锌防锈的最终裁定以双面镀锌量为准。

(三) 轻钢龙骨运输、储存、保管

轻钢龙骨在运输过程中，不允许扔摔、碰撞。产品要平放，以防变形。

轻钢龙骨应存放在无腐蚀性危害的室内，注意防潮。产品堆放时，底部需垫适当数量的垫条，防止变形。堆放高度不得超过 1.8m。

第五章　水、暖、电气材料

水、暖、电气材料是指用于给水排水工程、供暖工程、燃气工程和电气工程(主要指电气照明)材料的总称。它包括各式管材、管件、附件、仪表、消防给水器材、卫生洁具、电线、电线管、照明器具、电气装置件等。

第一节　建　筑　管　道

建筑管道作为一种重要的建筑工程材料，在工程实践中越来越受到关注，尤其是国家对塑料管道的大力应用推广政策，应运而生了各种塑料管道，逐步取代传统的金属管道、水泥管道等制品。塑料管道是节能的建筑工程材料，生产能耗和输水能耗低，产品生产对环境影响小，还具有耐蚀、耐久、资源可再利用等特点。本节主要介绍实际工程中常用的建筑管道。

一、建筑排水管道

建筑排水管道的产品标准、应用技术规程和施工安装图现已配套，国内新建改建的建筑已普遍采用塑料管道，与传统的铸铁管相比提高了使用功能，目前工程上应用有以下几个品种：

(一) 常见建筑排水管道

1. 室内排水管

(1) 建筑排水用硬聚氯乙烯管材、管件

以聚氯乙烯树脂为主要原料，加入必需的助剂，管材经挤压成型，管件经注塑成型，适用于民用建筑室内排水系统。我们通常称其为直壁管，管径由 D_e40～D_e250mm，管材管件采用承插粘结，目前被广泛用于多层和高层建筑中，受到普遍的欢迎。

(2) 建筑排水用硬聚氯乙烯管材

建筑排水用硬聚氯乙烯管材以聚氯乙烯树脂为主要原料，加入必要的添加剂，经复合共挤成型的芯层发泡复合材料，适用于建筑物内外或埋地排水用。该管管壁内外壳体间有聚氯乙烯发泡层，密度为 0.9～1.2g/cm^3，在确保一定刚度条件下树脂用量比直壁管少 15%～20%，由于中间有发泡层能吸收一些因管壁振动而产生的噪声，与实壁管相比可降低噪声 2～3dB。采用实壁管件承插粘结连接。

(3) 螺旋排水管

螺旋排水管管材是以聚乙烯树脂单体为主，用挤压成型的内壁有数条凸出的三角形螺旋肋的圆管，其三角形肋具有引导水流沿管内壁螺旋下落的功能，是一种建筑物内部生活排水管道系统上用做立管的专用管材。管件也是以聚乙烯树脂单体为主，接入支管与立管但中线不在同一平面上的三通和四通管件，具有侧向导流使进水沿立管内壁螺旋状下落的功能，是横管接入螺旋管立管的专用管件。正常排水时水流自上而下沿管壁旋转而下，在一定排量条件中间能形成柱状空隙，以平衡立管压力，确保系统正常工作。螺旋管特点在高层建筑内可设计为单立管系统，螺旋管在支管接入连接部位采用粘结或螺纹连接特种管件，其余管件与直壁管件相同，适用于中小高层建筑。

2. 建筑用硬聚氯乙烯雨落水管材及管件

以聚氯乙烯树脂为主要原料，加入适量的防老化剂及其他助剂，挤压成型的硬聚氯乙烯雨落水管和注射成型的管件。产品分为矩形管材和管件、圆形管材和管件。适用于室外沿墙、柱敷设的雨水重力排放系统。当建筑高度超过 50m 时屋面雨水排水管经常出现正压状态，管道应布置在室内。管材应采用 R-R 承口的橡胶密封圈连接的直壁排水管，屋面不应采用水平箅子的雨水斗，以免污物或塑料膜覆盖雨水斗表面，造成流水不畅或暴雨时立管部分管段抽泄真空而损坏管道。敷设外墙屋面雨落水管，采用不加胶粘剂或橡胶密封圈的承插连接形式。

3. 室外埋地排水管

埋地排水管要求力学性能和系统密闭性能好，有利于地下水资源保护，管道开挖面小，排水速度快对城市环境及交通影响小。埋地塑料排水管材使用寿命不得低于 50 年。埋地排水管必须有刚度要求，管材的管壁结构形式是增加刚度的重要因素，管材的环向弯曲刚度，应根据管道承受外压荷载的受力条件选用。管道位于道路及车行道下，其环向弯曲刚度不小于 $8kN/m^2$，住宅小区非车行道及其他地段不小于 $4kN/m^2$。随着加工技术的不断发展有各种管壁结构，目前实际使用中最大的矛盾是管径执行的标准问题，国家有关方面正在协调这些问题。目前市场上主要有以下几个品种：

(1) 埋地排污、排废水用硬聚氯乙烯管材

以聚氯乙烯树脂为主要原料，经挤压成型的埋地排污、废水用硬聚氯乙烯管材。适用于外径从 110～630mm 的弹性密封圈连接和外径从 110～200mm 的粘结式连接的埋地排污、排废水用管材。管壁结构与室内排水直壁管相似，采用扩口粘结或橡胶密封圈连接。

(2) 埋地排水用硬聚氯乙烯双壁波纹管材

以聚氯乙烯树脂为主要原料，经挤压成型的埋地排水用硬聚氯乙烯双壁波纹管材。适用于市政排水、埋地无压农田排水和建筑物排水用。刚度要求为 2～$16kN/m^2$。管壁内表面光滑，外表面呈波纹状，中间为不连通的空隙薄性壳体结构，产品用料省，刚性好，管道采用管端扩口橡胶密封圈连接，因用料省、价格低，目前广泛用于建筑小区建筑室外排水和市政排水工程。

(3) 埋地用硬聚氯乙烯加筋管材

以聚乙烯树脂单体为主，管内壁光滑，外壁带有等距排列环形肋的管材，管材结构合理，刚性好，管道采用扩口橡胶密封圈连接，目前尚无国家或行业标准。

(4) 埋地用聚乙烯缠绕结构壁管材

以聚乙烯为主要原料，以相同或不同材料作为辅助支撑结构，采用缠绕成型工艺，经加工制成的结构壁管材、管件。适用于长期温度在45℃以下的埋地排水工程。

管材按结构形式分为A型和B型。A型管具有平整的外表面，在内外壁之间有内部的螺旋形肋连接的管材或内表面光滑，外表面平整，管壁中埋螺旋形中空管的管材；B型管的内表面光滑，外表面为中空螺旋形肋的管材。

管件采用相应类型的管材或实壁垒管二次加工成型，主要有各种连接方式的弯头、三通和管堵等。管材、管件可采用弹性密封连接方式、承插口电熔焊接连接方式，也可采用其他连接方式。

(5) 玻璃纤维增强塑料夹砂管

以玻璃纤维及其制品为增强材料，以不饱和聚酯树脂、环氧树脂等为基体材料，以石英砂及碳酸钙等无机非金属颗粒材料为填料作为主要原料，采用定长缠绕工艺、离心浇铸工艺和连续缠绕工艺制成的，公称直径为200～2500mm，压力在0.1～2.5MPa，管刚度为1250～10000N/m^2。地下或地面用玻璃纤维增强塑料夹砂管。可用于给水、排水，用于给水系统时，必须达到生活饮用水标准。

(二) 常用建筑排水管道验收

建筑排水管道在进入建筑工程被使用前，必须进行检验验收。验收主要分为资料验收和实物质量验收。

1. 资料验收

(1) 建筑排水管道质量说明书

建筑排水管道在进入施工现场时应按质量说明书进行验收。质量说明书必须字迹清楚，应注明供方名称或厂标、产品标准、生产日期、批号、产品名称、规格、等级、产品标准中所规定的各项出厂检验结果等。质量说明书应加盖生产单位公章或质检部门检验专用章。

(2) 近一年内该产品的型式检验报告

要求供应商提供近一年的产品型式检验报告，型式检验报告是指按产品标准的规定所做的全项目检测，包括外观、质量、物理性能等，报告应是由法定检测部门出具的合格检测报告。因目前尚未要求在使用前对建筑排水管道进行复检，故要求供应商提供近一年内的合格的型式检验报告。

(3) 产品包装和标志

管材、管件上应有永久性标志，包括产品名称、标准编号、产品规格、生产厂名、生产日期。按管件不同规格尺寸分别装箱，不允许散装。

同时核对包装标志与质量说明书上所示内容是否一致。

2. 实物质量验收

实物质量验收分为外观质量验收、尺寸验收两个部分。由于排水管道种类繁多，在建筑管道的实物验收中我们只介绍几种最常用的排水管道，如建筑排水用硬聚氯乙烯管材管件、建筑用硬聚氯乙烯雨落水管材管件、埋地排水用硬聚氯乙烯双壁波纹管材、埋地用硬聚氯乙烯加筋管材四个产品。

(1) 外观质量验收

必须对进场的建筑排水管道进行外观质量的检验，该检验可在施工现场通过目测进行。

1) 建筑排水用硬聚氯乙烯管材管件

管材、管件内外壁应光滑、平整，不允许有气泡、裂口和明显的痕迹、凹陷、色泽不均及分解变色线。管件应完整无缺损，浇口及溢边应修除平整。

2) 建筑用硬聚氯乙烯雨落水管材管件

管材内外壁表面应光滑平整，无凹陷、分解变色线和其他影响性能的表面缺陷。管材不应有可见杂质。管材端面应切割平整并与轴线垂直。管件内外表面应光滑，不允许有气泡、脱皮和严重冷斑、明显的痕迹、杂质以及色泽不均等。

3) 埋地排水用硬聚氯乙烯双壁波纹管材

管材内外不允许有气泡、砂眼、明显的杂质和不规则波纹。内壁应光滑平整，不应有明显波纹。管材的两端应平整并与轴线垂直。

4) 埋地用硬聚氯乙烯加筋管材

管壁内表面光滑，外壁为同心圆呈履带状加强筋，管材的两端应平整并与轴线垂直。

(2) 尺寸验收

必须对进场的建筑排水管道进行尺寸的检验，该检验可在施工现场通过目测和简单尺具测量。

1) 建筑排水用硬聚氯乙烯管材管件，管材常见规格、外径和壁厚见表 5-1。

管材公称外径与壁厚(mm) **表 5-1**

公称外径	平均外径极限偏差	壁厚	
		基本尺寸	极限偏差
40	0.3 0	2	0.4 0
50	0.3 0	2	0.4 0
75	0.3 0	2.3	0.4 0
90	0.3 0	3.2	0.6 0
110	0.4 0	3.2	0.6 0
125	0.4 0	3.2	0.6 0
160	0.5 0	4	0.6 0

管件壁厚应不小于同规格管材的壁厚。

2) 建筑用硬聚氯乙烯雨落水管材，管材常见规格、外径和壁厚见表 5-2、表 5-3。

矩形雨水管材规格尺寸及偏差(mm) 表 5-2

规格	基本尺寸及偏差		壁厚		转角半径 *R*
	A	*B*	基本尺寸	偏差	
63×42	63.0+0.3	42.0+0.3	1.6	0.2	4.6
75×50	75.0+0.4	50.0+0.4	1.8	0.2	5.3
110×73	110.0+0.4	73.0+0.4	2.0	0.2	5.5
125×83	125.0+0.4	83.0+0.4	2.4	0.2	6.4
160×107	160.0+0.5	107.0+0.5	3.0	0.3	7.0
110×83	110.0+0.4	83.0+0.4	2.0	0.2	5.5
125×94	125.0+0.4	94.0+0.4	2.4	0.2	6.4
160×120	160.0+0.5	120.0+0.5	3.0	0.2	7.0

圆形雨水管材规格尺寸及偏差(mm) 表 5-3

公称外径	允许偏差	壁厚	
		基本尺寸	偏差
50	50.0+0.3	1.8	0.3
75	75.0+0.3	1.9	0.4
110	110.0+0.3	2.1	0.4
125	125.0+0.4	2.3	0.5
160	160.0+0.5	2.8	0.5

3）埋地排水用硬聚氯乙烯双壁波纹管材常用的规格见表 5-4。

埋地排水用硬聚氯乙烯双壁波纹管工程中常用的规格(mm) 表 5-4

公称直径 *DN*	最小平均内径 *DI*	公称直径 *DN*	最小平均内径 *DI*
110	97	315	270
(125)	107	400	340
160	135	(450)	383
200	172	500	432
250	216	(630)	540

注：( ) 内为不常用的公称直径。

4）埋地用硬聚氯乙烯加筋管材常用的规格见表 5-5。

埋地用硬聚氯乙烯加筋管工程中常用的规格(mm) 表 5-5

公称直径 *DN*	最小平均内径 *DI*	最小壁厚 *e*	公称直径 *DN*	最小平均内径 *DI*	最小壁厚 *e*
150	145	1.3	400	392	2.5
200	195	1.5	500	490	3.0
225	220	1.7	600	588	3.5
250	245	1.8	800	785	4.5
300	294	2.0	1000	985	5.0

（三）标志、包装、运输、储存

（1）产品在装卸运输时，不得受剧烈撞击、抛摔和重压。

（2）堆放场地应平整，堆放应整齐，堆高不得超过 1.5m，距热源 1m 以上，当露天堆放时，必须遮盖，防止暴晒。

（3）储存期自生产日起一般不超过 18 个月或 2 年。

（4）一般情况下管件每件包装箱重量不超过 25kg，管件不同规格尺寸分别装箱，不允许散装。

二、建筑给水管道

建筑给水管道在卫生性能、公称压力方面有比较严格的要求，故工程中对建筑给水管道的总体要求高，各省市还对建筑给水管道实施了卫生许可管理，塑料管道在给水管道中所占比例日益增加，下面介绍几种工程中常用的建筑给水管道。

（一）常见的建筑给水管道

1. 给水用聚氯乙烯管材、管件

以聚氯乙烯树脂为主要原料，经挤压或注塑成型的给水用硬聚氯乙烯管材、管件，适用于建筑物内外(架空或地埋)压力下输送温度不超过 45℃的水，包括一般用途和饮用水的输送。该产品具有足够的机械强度，且具有相当的安全系数，管道连接主要采用溶剂型胶粘剂承插粘结。管材、管件及连接组合件，必须符合卫生要求。

2. 冷热水用聚丙烯(PP-R)管道

聚丙烯管道分为均聚聚丙烯(PPH)、耐冲击共聚聚丙烯(PPB)、无规共聚聚丙烯(PPR)管道。在工程中比较常用的是无规共聚聚丙烯(PPR)管道，在此将着重介绍。其他可见产品相关标准。

无规共聚聚丙烯管材以无规共聚聚丙烯管材料为原料，经挤压成型的圆形横断面。无规共聚聚丙烯管件以无规共聚聚丙烯管材料为原料，经挤压成型的管件。适用于建筑物内冷热水管道系统，包括工业及民用冷热水、饮用水和供暖系统等。该产品具有优良的耐热性和较高的强度，管材、管件连接采用插热熔连接，也可用带电热丝配件电热熔连接，与金属阀门采用铜镀铬金属丝扣连接，施工工具应由生产企业配套。

3. 给水用聚乙烯(PE)管材

以聚乙烯树脂为主要原料，经挤压成型的给水用管材，适用于温度不超过 40℃，一般用途是压力输水以及饮用水的输送。

根据材料类型和分级数，可分为 PE63 级聚乙烯管材、PE80 级聚乙烯管材、PE100 级聚乙烯管材。标准尺寸比(*SDR*)是管材的公称外径与公称壁厚的比值，管材的公称压力与设计应力 σ_s、标准尺寸比(*SDR*)之间的关系为：$PN=2\sigma_s/(SDR\text{-}1)$。管道采用承插热熔连接，其具有抗低温脆性、柔韧性及卫生性好的特点，在工程中也被广泛使用。

4. 交联聚乙烯(PE-X)管材

交联聚乙烯(PE-X)管材以高密度聚乙烯为主要原料，加入必要助剂，经化学交联挤压成型的管材。适用于工作温度不超过95℃(瞬间温度不超过110℃)的建筑给水管道。交联聚乙烯分子结构呈性能稳定的网状结构，从而提高了聚乙烯耐热、耐压、耐化学物质腐蚀及使用寿命，被广泛用于热水系统。管道的连接方式采用机械连接，管件应是金属材质，目前市场上主要是内套式铜质(59铜)或不锈钢(304)压制或精密铸造管件，采用外套金属箍专用工具卡紧的卡箍式。交联聚乙烯管材由于回缩率较大，有的企业在工程中采用卡套式管件，因连接部位承受拉拔力小，管道从连接口拉脱情况时有发生，给工程造成严重后果。

5. 给水衬塑复合钢管

给水衬塑复合钢管采用复合工艺在钢管内衬硬聚氯乙烯、氯化聚氯乙烯、聚丙烯、聚乙烯、交联聚乙烯、耐热聚乙烯(PE-RT)。适用于工作压力不大于1.0MPa，输送生活饮用冷热水。内衬硬聚氯乙烯、聚乙烯时，仅能用于冷水输送。钢塑二种材料结合，材质材性特点互补，取长补短，具有表面硬度高、刚性好、管材耐蚀耐久等特点，管道可明敷暗设，管材管件采用丝扣连接，螺母压紧式卡套连接，这类管道要求管件基体材料加工精密度高，衬塑层厚度均匀，内径偏差小，管道施工时丝扣要求精确，且做好管材端部的防腐处理。

6. 铜水管

采用拉制工艺生产的无缝铜水管。一般采用T2或TP2合金，状态分为硬态、半硬态、软态；又可分为直管和盘管。一般采用焊接、扩口或压紧的方式与管接头连接。因其成本高，价格高，在工程中使用很少。

(二) 工程中常见建筑给水管道的验收

建筑给水管道在进入建设工程被使用前，必须进行检验验收。验收主要分为资料验收和实物质量验收。

1. 资料验收

(1) 卫生许可批件

大部分省市卫生管理部门对建筑给水管道实行卫生许可批件管理制度，证书有效期一般为4年。少数省市没有实行卫生许可批件管理的，生产企业应提供有效期内的合格的卫生性能检测报告。

(2) 建筑给水管道质量说明书

建筑给水管道在进入施工现场时应对质量说明书进行验收。质量说明书必须字迹清楚，应注明供方名称或厂标、产品标准、生产日期、批号、产品名称、规格、等级、产品标准中所规定的各项出厂检测结果等。质量说明书应加盖生产单位公章或质检部门专用章。

(3) 近一年内该产品的型式检验报告

要求供应商提供近一年内的产品型式检验报告，型式检验报告是指按产品标准的规定所做的全项目检测，包括外观、质量、物理性能等，报告应由法定检测部门出具合格检测报告。因目前尚未要求在使用前对建筑给水管道进行复检，故要求供应商提供近一年内的合格的型式检验报告。

(4) 产品包装和标志

管材、管件上应有永久性标志，包括产品名称、标准编号、产品规格、生产厂名、生产日期、公称压力或管系列、标准尺寸，注明冷热水用途。同时核对包装标志与质量说明书上所示内容是否一致。

2. 实物质量验收

实物质量验收分为外观质量验收和尺寸验收两部分。由于给水管道种类繁多，在建筑给水管道的实物验收中只介绍最常用的几种给水管道。

(1) 外观质量验收

1) 给水用硬聚氯乙烯管材管件

管材内外表面应光滑平整，无凹陷，无分解变色线和其他影响性能的表面缺陷。管材不应含有可见杂质。管材端面应切割平整并与轴线垂直。管材应不透光。

管件内外表面应光滑，不允许有脱层、明显气泡、痕纹、冷斑以及色泽不均等缺陷。

2) 无轨共聚聚丙烯管材管件

管材内外表面应光滑平整，无凹陷、气泡、脱皮和其他影响性能的表面缺陷。管材不应含有可见杂质。管材端面应切割平整并与轴线垂直。管材应不透光。

管件内外表面应光滑平整，不允许有裂纹、气泡和明显的杂质、严重的缩形以及色泽不均、分解变色等缺陷。管件不应透光。

3) 给水用聚乙烯管材

管材的内外表面应清洁、光滑，不允许有气泡、明显的划伤、凹陷、杂质、颜色不均等缺陷。管端头应切割平整，并与管轴线垂直。

4) 给水衬塑复合钢管

钢管内外表面应光滑，不允许有伤痕或裂纹等。钢管内应拉去焊筋，其残留高度不应大于0.5mm。衬塑钢管形状应是直管，两端截面与管轴线垂直。衬塑钢管内表面不允许有气泡、裂纹、脱皮，无明显裂纹、凹陷、色泽不均及分解变色线。

(2) 尺寸验收

1) 给水用硬聚氯乙烯管材管件

工程中常用的给水用硬聚氯乙烯管材的规格见表5-6。

常用给水用硬聚氯乙烯管材公称压力和规格尺寸(mm)　　表5-6

公称外径	允许偏差	壁厚				
		公称压力				
		0.6MPa	0.8MPa	1.0MPa	1.25MPa	1.6MPa
20	+0.3	—	—	—	—	2.0
25	+0.3	—	—	—	—	2.0
32	+0.3	—	—	—	2.0	2.4
50	+0.3	—	2.0	2.4	3.0	3.7
63	+0.3	2.0	2.5	3.0	3.8	4.7

续表

公称外径	允许偏差	壁厚				
		公称压力				
		0.6MPa	0.8MPa	1.0MPa	1.25MPa	1.6MPa
75	+0.3	2.2	2.9	3.6	4.5	5.6
90	+0.3	2.7	3.5	4.3	5.4	6.7
110	+0.4	3.2	3.9	4.8	5.7	7.2
160	+0.5	4.7	5.6	7.0	7.7	9.5

壁厚偏差见产品标准《给水用硬聚氯乙烯(PVC-U)管材》(GB/T 10002.1—2006)的规定。

管件承插部位的主体壁厚不得小于同规格同压力等级管材壁厚。

其他规格尺寸详见管材产品标准《给水用硬聚氯乙烯(PVC-U)管材》(GB/T 10002.1—2006)和管件产品标准《给水用硬聚氯乙烯(PVC-U)管材》(GB/T 10002.2—2003)中5.2的规定。

2) 无规共聚聚丙烯管材管件

无规共聚聚丙烯管材规格尺寸见表5-7。

无规共聚聚丙烯管系列(S)及规格尺寸(mm)　　表5-7

公称外径	平均外径	管系列				
		S5	S4	S3.2	S2.5	S2
20	20.0~20.3	2.0	2.3	2.8	3.4	4.1
25	25.0~25.3	2.3	2.8	3.5	4.2	5.1
32	32.0~32.3	2.9	3.6	4.4	5.4	6.5
50	50.0~50.3	4.6	5.6	6.9	8.3	10.1
63	63.0~63.6	5.8	7.1	8.6	10.5	12.7
75	75.0~75.7	6.8	8.4	10.3	12.5	15.1
90	90.0~90.9	8.2	10.1	12.3	15.0	18.1
110	110.0~111.0	10.0	12.3	15.1	18.3	22.1
160	160.0~161.5	14.6	17.9	21.9	26.6	32.1

管系列S是用以表示管材规格的无量纲数值系列，管系列S与公称压力*PN*的关系见表5-8、表5-9。

当管道系统总使用(设计)系数*C*为1.25时，管系列S与公称压力*PN*的关系　　表5-8

管系列	S5	S4	S3.2	S2.5	S2
公称压力*PN*(MPa)	1.25	1.6	2.0	2.5	3.2

当管道系统总使用(设计)系数*C*为1.5时，管系列S与公称压力*PN*的关系　　表5-9

管系列	S5	S4	S3.2	S2.5	S2
公称压力*PN*(MPa)	1.0	1.25	1.6	2.0	2.5

壁厚偏差见产品标准《冷热水用聚丙烯管道系统 第2部分：管材》(GB/T 18742.2—2002)中7.4.4的规定。

管件按管系列S分类与管材相同，具体尺寸见产品标准《冷热水用聚丙烯管道系统 第3部分：管件》(GB/T T18742.3—2002)的规定，管件的壁厚应不小于相同管系列S的管材的壁厚。

3) 给水用聚乙烯管材(见表5-10)

PE80级聚乙烯管材公称压力和规格尺寸 **表5-10**

公称外径(mm)	公称壁厚(mm)				
	标准尺寸比				
	*SDR*33	*SDR*21	*SDR*17	*SDR*13.6	*SDR*11
	公称压力				
	0.4	0.6	0.8	1.0	1.25
25	—	—	—	—	2.3
63	—	—	—	4.7	5.8
75	—	—	4.5	5.6	6.8
110	—	5.3	6.6	8.1	10.0
160	4.9	7.7	9.5	11.8	14.6
200	6.2	9.6	11.9	14.7	18.2

4) 给水衬塑复合钢管(见表5-11)

衬塑复合钢管公称通径和衬塑层壁厚(mm) **表5-11**

公称通径		内衬塑料管厚度	公称通径		内衬塑料管厚度
DN	in		*DN*	in	
15	1/2	1.5±0.2	65	2.5	1.5±0.2
20	3/4		80	3	2.0±0.2
25	1		100	4	
32	1.25		125	5	
40	1.5		150	6	2.5±0.2
50	2				

(三) 标志、包装、运输储存

(1) 在运输时不得暴晒、沾污、抛摔、重压和损伤。

(2) 应合理堆放，管件应存放在库房内，远离热源。如室外堆放，应有遮盖物。

(3) 管材堆放高度不超过1.5m。

第二节 消 防 器 材

消防器材是指建筑物安装的消防给水器材，包括消火栓、消防水泵接合器等。

一、消火栓

消火栓是消防给水系统的重要组成部分，分为室内消火栓和室外消火栓。室内消火栓是用于扑灭建筑的初期火灾及建筑物高度超过消防车给水能力的全期火灾；室外消火栓用于火灾发生时给消防车补水，以及用于隔离火源、易爆物质的降温等辅助灭火。

（一）室内消火栓

室内消火栓是个带内扣接头的消火专用阀门，一端连接消防给水主管，另一端与消防水带连接。常用室内消火栓按出口形式分为直角单出口式、45°单出口式及直角双出口式三种。

室内消火栓型号 SN 型为直角单出口式；SNA 型为 45°单出口式；SNS 型为直角双出口式，直径分为 50mm、65mm 两种。

与室内消火栓配套使用的有水龙带、水枪及消防箱。

室内消防水龙带为棉织或麻织帆布制品，内径为 50mm 和 65mm 两种。其一端连接消火栓，另一端连接水枪，是采用铝制扣接头连接。

水枪为直接灭火的工具，常用铝制成，也有塑料制品。室内消火栓所用的水枪均为直流式渐缩形，喷嘴直径有 13mm、16mm、19mm 三种，接口直径为 50mm 和 65mm 两种。

消防箱是将消火栓、水龙带、水枪组成的一个整体箱体，箱外漆成红色，有明显的“消防箱”三个大字。市场上有成品供应。

（二）室外消火栓

室外消火栓分地上式和地下式两种，地上式使用方便，位置明显，而地下式却不妨碍交通，抗寒性好。其规格见表 5-12。

室外消火栓规格　　表 5-12

<table>
<tr><th rowspan="2">名称</th><th rowspan="2">型号</th><th rowspan="2">工作压力(MPa)</th><th colspan="2">进水管</th><th colspan="3">出水口</th><th rowspan="2">使用说明</th><th colspan="3">各部尺寸(mm)</th><th rowspan="2">质量(kg/个)</th></tr>
<tr><th>连接形式</th><th>直径(mm)</th><th>连接形式</th><th>直径(mm)</th><th>个数</th><th>总高 H</th><th>短管高 h</th><th>阀杆开放高度</th></tr>
<tr><td rowspan="3">地上式消火栓</td><td>SS100</td><td>≤16</td><td>取插式</td><td>100</td><td>内扣式
螺纹式</td><td>65
100</td><td>2
1</td><td rowspan="3">适用于气温较高地区的城市、工矿企业、居民区室外消防供水</td><td colspan="2">(长×宽×高)
400×340×1300</td><td>≤50</td><td>140</td></tr>
<tr><td>SS100-10
SS100-16</td><td>10
16</td><td>承插式
法兰式</td><td>100</td><td>螺纹式</td><td>100
65</td><td>1</td><td>h+
1415</td><td rowspan="2">250
500
750
1000
1250
1750
2000
2250</td><td rowspan="2">≤50</td><td>≤140
(H=
250)</td></tr>
<tr><td>SS150-10
SS150-16</td><td>10
16</td><td>承插式
法兰式</td><td>150</td><td>螺纹式
内扣式</td><td>65
100</td><td>2
1</td><td>h+
1465
(h+
1490)</td><td>190
(h=
250)</td></tr>
</table>

续表

<table>
<tr><th rowspan="2">名称</th><th rowspan="2">型号</th><th rowspan="2">工作压力(MPa)</th><th colspan="2">进水管</th><th colspan="3">出水口</th><th rowspan="2">使用说明</th><th colspan="3">各部尺寸(mm)</th><th rowspan="2">质量(kg/个)</th></tr>
<tr><th>连接形式</th><th>直径(mm)</th><th>连接形式</th><th>直径(mm)</th><th>个数</th><th>总高H</th><th>短管高h</th><th>阀杆开放高度</th></tr>
<tr><td rowspan="3">地下式消火栓</td><td>SX100</td><td>≤16</td><td>承插式</td><td>100</td><td>内扣式螺纹式</td><td>65
100</td><td>1</td><td rowspan="3">适用于气温较低地区的城市、工矿企业、居民区及影响交通的地段室外消防供水</td><td colspan="2">(长×宽×高)
680×460×1100</td><td>≤50</td><td>172</td></tr>
<tr><td>SX100-10
SX100-16</td><td>10
16</td><td>承插式
法兰式</td><td>100</td><td>螺纹式</td><td>100</td><td>1</td><td rowspan="2">h+960</td><td rowspan="2">250
500
750
1000
1250
1500
1750</td><td rowspan="2">≤50</td><td>≤172
(H=250)</td></tr>
<tr><td>SX65-10
SX65-16</td><td></td><td>承插式
法兰式</td><td></td><td>螺纹式</td><td>65</td><td>2</td><td>150
(h=250)</td></tr>
</table>

二、消防水泵接合器

消防水泵接合器是用来补给消防用水水压不足，给消防水泵供水的器具。由消防接口、本体、止回阀、放水阀、安全阀、闸阀、法兰接管、弯管组成。按安装形式分为墙壁式、地上式和地下式三种。

消防水泵接合器的规格、型号见表 5-13。

消防水泵接合器的规格、型号　　　表 5-13

<table>
<tr><th>型号</th><th>形式</th><th>公称直径(mm)</th><th>消防接口</th><th>强度(MPa)</th><th>密封压力(MPa)</th><th>工作压力(MPa)</th><th>质量(kg/个)</th></tr>
<tr><td>SQ100</td><td>地上式</td><td rowspan="3">100</td><td>KWS65</td><td rowspan="6">2.4</td><td rowspan="6">1.6</td><td rowspan="6">1.6</td><td>175</td></tr>
<tr><td>SQX100</td><td>地下式</td><td>KWS65</td><td>155</td></tr>
<tr><td>SQB100</td><td>墙壁式</td><td>KWS65</td><td>195</td></tr>
<tr><td>SQ150</td><td>地上式</td><td rowspan="3">150</td><td>KWS80</td><td rowspan="3"></td></tr>
<tr><td>SQX150</td><td>地下式</td><td>KWS80</td></tr>
<tr><td>SQB150</td><td>墙壁式</td><td>KWS80</td></tr>
</table>

三、湿式自动消防闭式喷头

喷头是自动消防系统末端喷水灭火装置，按结构形式分为易熔合金喷头和玻璃球阀喷头；按感温级别分有普通型、中温型、高温型。湿式自动消防闭式喷头规格见表 5-14。

湿式自动消防闭式喷头规格　　　表 5-14

名称型号	喷口直径 mm	连接管螺纹(mm)	流量(L/min)	锁封材料	封锁熔解或玻璃泡爆碎温度(℃)	最高允许使用温度(℃)	工作水压力(MPa)	每只喷头保护面积(m^2)	外形尺寸(宽×高)mm
ZST-9 闭式喷头	12.7	15	80	易熔合金	普通型 72 中温型 100 高温型 141	普通型≤38； 中温型≤65； 高温型≤107	0.035～0.70	7～9(安装高度3.5m)	46×74

续表

名称型号	喷口直径 mm	连接管螺纹(mm)	流量(L/min)	锁封材料	封锁熔解或玻璃泡爆碎温度(℃)	最高允许使用温度(℃)	工作水压力(MPa)	每只喷头保护面积(m^2)	外形尺寸(宽×高) mm
ZSB15 型闭式玻璃球喷头	12.7	15	80	玻璃泡	57(橙色) 68(红色) 79(黄色) 93(绿色)	≤30 ≤38 ≤49 ≤63	0.035～0.70	8～12	44×74
BBd15 型吊顶式玻璃喷头	12								φ82×62
玻璃球闭式喷头	11				普通型 57 中温型 68 高温型 90	普通型≤30 中温型≤38 高温型≤50			44×74
ZST-11 型玻璃球闭式喷头	11				57、68、79、93				44×74

第三节 卫 生 器 具

卫生器具是室内给水排水系统的重要组成部分，用来满足日常生活中各种卫生要求，收集和排出生活中产生的污水和废水。卫生器具按其作用分为以下几种类型。

(1) 便溺用卫生器具，如大便器、小便器。

(2) 盥洗、沐浴用卫生器具，如洗面器、浴盆、沐浴器等。

(3) 洗涤用卫生器具，如洗涤盆、污水盆。

(4) 其他专用卫生器具，如医院、科研、实验室等特殊需要的卫生器具。

一、便溺用卫生器具

便溺用卫生器具按用途不同分为大便器和小便器，常为陶瓷制品。

(一) 大便器

(1) 大便器的分类。常用的大便器有坐便器，包括喷射虹吸式、漩涡虹吸式和冲落式三种；蹲便器常为冲落式。

(2) 大便器的标定规格见表 5-15。

大便器的标定规格 **表 5-15**

名称	形式	规格尺寸(mm) 长(A)		宽(B)	高(C)
坐便器	坐箱虹吸式	至水箱外边缘	720	350	340 360 390
	挂箱虹吸式		740 760 780		340 360 390
	挂箱冲落式		740 760		340 360 390
	连体漩涡虹吸式		715	(水箱宽)500	470

续表

名称	形式	规格尺寸(mm)			
		长(A)		宽(B)	高(C)
坐便器	连体漩涡虹吸式	至水箱外边缘	550 640 600 610	320 340 430 280 260	270 300 285 200

（二）小便器

(1) 小便器的分类。小便器有斗式、壁挂式、落地式等。

(2) 小便器的标定规格见表 5-16。

小便器的标定规格 **表 5-16**

形　式	规格尺寸(mm)		
	长(A)	宽(B)	高(C)
斗　式	340	270	490
壁挂式	330	310	615
落地式	330	375	900

（三）便器水箱

便器水箱分为低水箱、高水箱，常用陶瓷制成，也有采用塑料制成。其标定规格见表 5-17。

便器水箱标定规格 **表 5-17**

名称	形式	规格尺寸(mm)		
		长(A)	宽(B)	高(C)
低水箱	壁挂式	<5000	≤225	≤345
	坐装式			
高水箱		420 440	240 260	280

塑料便器水箱是采用聚氯乙烯、聚丙烯或 ABS 等工程塑料注射成型，低水箱规格为 460×300×210(mm)，高水箱规格为 610×190×350(mm)。塑料便器产品还有坐便盖、马桶圈、高水箱配件等。

（四）陶瓷卫生器具的外观质量要求

陶瓷卫生器具的表面光洁，色泽柔和美观，不易沾污，清洗方便，耐腐蚀，经久耐用，但质脆，易损。为保证美观，产品外观质量应符合国家标准的规定。

陶瓷卫生器具按外观质量要求，将产品分为一等品、二等品、三等品，其尺寸允许偏差应符合表 5-18 规定；产品允许最大变形数值应符合表 5-19 的规定；洗面器、水槽、便器类水箱一等品外观缺陷允许范围应符合表 5-20 规定。

卫生陶瓷的尺寸允许偏差 表 5-18

项目	尺寸范围(mm)	允许偏差	单位	备注
外形尺寸	>100	±3	%	
	<100	±3	mm	
孔眼距产品中心线偏移	>100	3	%	
	<100	3	mm	
排出口距边	>300	±3	%	
	<300	±10	mm	
皂盒、手纸架等小件制品		−3	mm	
孔眼尺寸	φ<15	+2	mm	
	15<φ<30	±2		
	30<φ<80	±3		
	φ>80	±5		
孔眼圆度	40<φ<70	1.5		二、三级产品应相应递增 0.5
	70<φ<100	2.5		
	φ>100	4.0		二、三级产品应相应递增 1.0
孔眼安装面(孔眼半径加 10)平面度		2		

卫生陶瓷产品允许最大变形数值(mm) 表 5-19

产品名称	安装面			表面			整体			边缘		
	一级	二级	三级	一级	二级	三级	一级	二级	三级	一级	二级	三级
坐便器 洗涤器	5	8	12	5	8	12	8	12	18	—	—	—
洗面器	4	7	9	5	8	11	6	10	13	5	8	11
水槽	6	10	18	6	10	13	10	15	25	6	10	18
水箱	5	—	—	7		13	7	12	18	5	7	10
蹲便器	—	—	—	—	—	—	7	10	15	6	8	12
小便器	3(10)	5(18)	8(24)	—	—	—	—	—	—	(6)	(10)	(15)
皂盒手纸架	—	—	—	—	—	—	—	—	—	2	4	6

注：括号内的数值适用于落地式小便器。

洗面器、水槽、便器类水箱一等品外观缺陷允许范围 表 5-20

缺陷名称	单位	洗面器		水槽		便器类		水箱
		洗净面	可见面	洗净面	可见面	洗净面	可见面	可见面
裂纹	mm	不允许	极少	不允许	极少	不允许	极少	极少
棕眼、斑点	个	各 20	各 50	少许		少许		各 25
桔釉、烟熏		不明显		不明显		不明显		不明显

续表

缺陷名称	单位	洗面器		水槽		便器类		水箱
		洗净面	可见面	洗净面	可见面	洗净面	可见面	可见面
落脏	mm^2	不允许	4	20		14		低水箱 10 高水箱 14
缺釉		不允许	少量	少量	少量	少量	少量	少量
磕碰		不允许	50	不允许	50	不允许		不允许
坑包 $\phi<4.0mm$	个	2	3	3	5	2	3	2

二、盥洗器具

盥洗器具包括洗面器、洗涤器、洗涤槽、化验槽等。

（一）洗面器

洗面器浴称洗脸器，多为陶瓷制品。

洗面器有立柱式、托架式、台式三种，其标定规格见表 5-21。

洗面器标定规格 **表 5-21**

形式	规格尺寸(mm)			形式	规格尺寸(mm)		
	长(*A*)	宽(*B*)	高(*C*)		长(*A*)	宽(*B*)	高(*C*)
立柱式	560	460		托架式	510	310	180
	610	510	200		560	360	190
	660	560	230			410	200
	710	610			510	410	360
椭圆形台式	510	430			560	460	380
	560	480	200		610	510	400、420
	650	570	260		360	260	
矩形台式	510	430	200		410	310	150
	560	480			430	360	180
		510			460	290	

（二）洗涤器、洗涤槽、化验槽

洗涤器分斜喷式、直喷式；洗涤槽分多个规格；化验槽分直沿槽、卷沿槽。多为陶瓷制品，也有不锈钢及其他材料制品。陶瓷制品的标定规格见表 5-22。

洗涤器、水槽、化验槽标定规格 **表 5-22**

名称	形式	规格尺寸(mm)			名称	形式	规格尺寸(mm)		
		长	宽	高			长	宽	高
洗涤器		590	370	360	水槽	洗涤槽	460	310、360	150
水槽	洗涤槽	610	410、460				410	310	
		560	360、410				360	200	
		510	360	200	化验槽		600	440	510

三、洗澡器

洗澡器主要有浴盆和淋浴器两种。

（一）浴盆

浴盆有铸铁搪瓷浴盆、塑料浴盆、陶瓷浴盆、玻璃钢浴盆等品种。其外形、规格繁多。

（1）铸铁搪瓷浴盆。铸铁搪瓷浴盆采用铸铁铸造成型，内表面搪以瓷釉，多为白色，外表为喷漆。其规格见表5-23。

铸铁搪瓷浴盆规格 表5-23

种类	型号	外形尺寸(mm)						
		L	B	H	H_1	L_1	ϕ_1	ϕ_2
长方圆边铸铁搪瓷浴盆	1.22m	1200	650	360	70	200	50	46
	1.37m	1400	700	380	70	220	50	46
	1.524m	1520	740	410	80	230	50	46
	1.68m	1680	754	430	80	250	50	46
	1.83m	1830	810	440	80	250	50	46
坐式长方铸铁搪瓷浴盆	1.22m	1200	650	358～370	70	200	50	46
裙板式铸铁搪瓷浴盆		1520	750	350～410				
		1680	750	340	60	250	50	46
81型铸铁搪瓷浴盆	0.914m	1000	600	300	50		40	32
	1.524m	1520	740	350～370	80	230	50	46
长方方边铸铁搪瓷浴盆	1.22m	1200	650	360	70	200	50	46
	1.37m	1400	700	380	70	220	50	46
	1.524m	1520	740	410	80	230	50	46
	1.68m	1680	754	430	80	250	50	46
	1.83m	1830	810	440	80	250	50	46
		1600	720	400	80	255	47	
		1080	620	250			47	
	右弦形	1080	620	390 480	—	175	48	—
	左弦形	1080	620	390 480	—	175	48	—

（2）塑料浴盆。塑料浴盆是采用工程塑料，经多道工序制成，其品种、规格、功能较多。

（二）淋浴器

淋浴器比浴盆占地面积小，造价较低，耗水量少，洁净，故被广泛使用。

第四节 电 气 材 料

民用建筑安装中，电气材料是工程建设的一个重要组成部分，它一般由电线导管、电线电缆、开关、插座等组成。如何加强对电气材料的管理和选用，确保工程质量，这与人们的日常生活、办公作业密切相关。因此电气材料的管理应该是企业综合管理的一部分。必须引起重视。它主要反映在两个方面：一是使用功能、安全功能必须得到有效的保障；二是质量、成本、利润和消耗必须得到有效控制。

民用建筑安装中，电气材料品种繁多，从预埋配管开始，进行管线敷设，导线穿入，电柜电箱和照明器具安装，在施工过程中，所用的电气材料有几十种。下面主要对电线导管、电线电缆和开关插座进行介绍。

一、电线导管

（一）电线导管的分类

电线导管分为：绝缘导管、金属导管和柔性导管。

1. 绝缘导管

绝缘导管又称PVC电气导管，有三种规格：轻型管、中型管和重型管。由于轻型管不适用于建筑工程，根据规范要求，目前在建筑工程中通常使用中型管和重型管，见表5-24。

中型管、重型管的产品规格　　表5-24

序号	公称口径		外径尺寸(mm)	壁厚		极限偏差(mm)
	(mm)	(in)		中型管(mm)	重型管(mm)	
1	16	5/8	16	1.5	1.9	−0.3
2	20	3/4	20	1.57	2.1	−0.3
3	25	1	25	1.8	2.2	−0.4
4	32	1.25	32	2.1	2.7	−0.4
5	40	1.5	40	2.3	2.8	−0.4
6	50	2	50	2.85	3.4	−0.5
7	63	2.5	63	3.3	4.1	−0.6

2. 金属导管

金属导管分为薄壁钢管和厚壁钢管二种。

(1) 薄壁钢管又分为非镀锌薄壁钢管(俗称电线管)和镀锌薄壁钢管(俗称镀锌电线管)二种，见表5-25、表5-26。

非镀锌薄壁钢管的产品规格　　表5-25

序号	公称口径		外径尺寸(mm)	壁厚(mm)	理论重量(kg/m)
	(mm)	(in)			
1	16	5/8	15.88	1.6	0.581
2	20	3/4	19.05	1.8	0.766

续表

序号	公称口径		外径尺寸 (mm)	壁厚 (mm)	理论重量 (kg/m)
	(mm)	(in)			
3	25	1	25.40	1.8	1.048
4	32	11/4	31.75	1.8	1.329
5	40	1	38.10	1.8	1.611
6	50	2	63.5	2.0	2.407
7	63	21/2	76.2	2.5	3.76

镀锌薄壁钢管的产品规格 **表 5-26**

序号	公称口径		外径尺寸 (mm)	壁厚 (mm)	理论重量 (kg/m)
	(mm)	(in)			
1	16	5/8	15.88	1.6	0.605
2	20	3/4	19.05	1.8	0.796
3	25	1	25.40	1.8	1.089
4	32	1.25	31.75	1.8	1.382
5	40	1	38.10	1.8	1.675
6	50	2	63.5	2.0	2.503
7	63	2.5	76.2	2.5	3.991

(2) 厚壁钢管又分为焊接钢管(俗称黑铁管)和镀锌焊接钢管(俗称白铁管)。其产品规格见表5-27、表5-28。

焊接钢管的产品规格 **表 5-27**

序号	公称口径		外径尺寸 (mm)	壁厚 (mm)	理论重量 (kg/m)
	(mm)	(in)			
1	15	1/2	21.3	2.75	1.26
2	20	3/4	26.8	2.75	1.63
3	25	1	33.5	3.25	2.42
4	32	1.25	42.3	3.25	3.13
5	40	1.5	48.0	3.50	3.84
6	50	2	60.0	3.50	4.88
7	65	2.5	77.5	7.75	6.64
8	80	3	88.5	4.00	8.34
9	100	4	114.0	4.00	10.85

镀锌焊接钢管的产品规格 **表 5-28**

序号	公称口径		外径尺寸 (mm)	壁厚 (mm)	理论重量 (kg/m)
	(mm)	(in)			
1	15	1/2	21.3	2.75	1.34
2	20	3/4	26.8	2.75	1.73

续表

序号	公称口径		外径尺寸 (mm)	壁厚 (mm)	理论重量 (kg/m)
	(mm)	(in)			
3	25	1	33.5	3.25	2.57
4	32	1.25	42.3	3.25	3.32
5	40	1.5	48.0	3.50	4.07
6	50	2	60.0	3.50	5.17
7	65	2.5	77.5	7.75	7.04
8	80	3	88.5	4.00	8.84
9	100	4	114.0	4.00	11.50

3. 柔性导管

柔性导管又分为绝缘柔性导管、金属柔性导管和镀塑金属柔性导管三种。它的产品规格应与电线导管相匹配。

(二) 适用范围

1. 绝缘电线导管

绝缘电线导管主要适用于住宅、公共建筑和一般工业厂房的照明系统，它可以直接埋设在混凝土中，可以在墙面开槽后暗敷；可以在粉刷层外明敷，也可以在吊顶内敷设，作照明电源的配管。

2. 金属薄壁电线导管

金属薄壁电线导管一般用于工程内照明系统，弱电系统的配管，它的适用范围与绝缘电线导管相同，但不能在潮湿、易燃易爆场合、室外和埋地敷设。

3. 金属厚壁电线导管

金属厚壁电线导管，主要用于工程内的动力系统，可以直接敷设在地下室潮湿、易燃易爆场合、室外、埋地等，也可以用于与绝缘电线导管相同的敷设范围。

4. 柔性电线导管

柔性电线导管，主要用于电源的接线盒、接线箱与照明灯具、机械设备、母线槽和穿越建筑物变形缝等的连接，但不能代替绝缘电线导管、金属电线导管使用。

(三) 电线导管的连接

1. 绝缘导管：无论导管与导管之间的连接或导管与配件的连接，它只能采用粘结方法进行连接。因此，在选用绝缘导管时，应配备胶粘剂。

2. 非镀锌薄壁钢导管：根据规范规定，该导管连接必须采用内螺丝配件作螺纹连接，钢筋电焊接地跨接，严禁采用对口熔焊连接和套管熔焊连接。

3. 镀锌薄壁钢管的三种连接方式

(1) 螺纹连接：它的连接方法与非镀锌薄壁钢导管相同。但导管的接口处，严禁钢筋电焊接地跨接，必须采用导线跨接，因此选用镀锌薄壁钢管螺纹连接方法，应根据施工规范配备专用接地卡和 $4mm^2$ 的铜芯软线。

（2）套接紧定式连接：套管不用套丝，不进行导线接地跨接。因该套接的管接头之间有一道用滚压工艺压出的凹槽，而形成一个锥度，可以使导管插紧定位，确保接口处密封性能，在导管预埋混凝土中或预埋在水泥、砂浆中，水泥浆水不得渗入导管内部。管凹槽的深度与导管的壁厚一致，当管接头两端导管塞入后，内壁平整光滑，导线穿越时，不影响绝缘层。因此，当工程中电线导管决定采用紧定式连接方法，在选用镀锌薄壁钢管时，应考虑选购紧定式接头。

（3）套接扣压式连接：该导管连接方法和功能与紧定式基本相同。所不同的是一个采用螺丝紧压固定，另一个采用扣压器扣压固定。因此，当工程中电线导管决定采用扣压式连接方法，在选购镀锌薄壁导管时，应考虑选购扣压式接头。

4. 厚壁钢导管的连接：根据要求为螺纹连接和导管熔焊连接二种。凡钢导管直径在 15mm 及以下时，应采用螺纹连接，钢筋接地跨接。当钢导管直径在 15mm 及以上时，可螺纹连接亦可套管熔焊连接，不得采用驱动器熔焊连接。套管的直径应与钢导管在一个规格。

5. 镀锌厚壁钢导管的连接：根据规范要求，钢导管的连接处不得熔焊跨接接地线。因此该导管只能作螺纹连接，导线跨接。当选用镀锌厚壁钢导管时，应配备相应规格专用接地卡和 $4mm^2$ 的铜芯软线。

6. 柔性导管的连接：因该导管主要用于接线盒、接线箱与照明灯具、机械设备、母线槽和穿越建筑物变形缝等的连接，因此在选用柔性导管时，应根据柔性导管的规格，配备专用的柔性导管接头。金属柔性导管严禁中间有接头，这主要是防止导线穿越时，损坏绝缘层。

（四）验收

1. 绝缘电线导管

绝缘电线导管在验收时，首先应检查它是否有政府主管部门认可的检测机构出具的产品检验报告和企业的产品合格证。然后对产品的实物进行检验。主要有三方面：一是查看导管表面，是否有间距不大于 1m 的连续阻燃标记和生产厂标。二是进行明火试验，检查是否为阻燃。三是用卡尺对导管壁厚进行检查，看是否出现有未达到标准规定而偏薄的现象，主要是防止导管厚度因偏薄，在施工时受压变形和弯曲时圆弧部位出现弯瘪现象，影响导线穿越和更换。

2. 金属电线导管

金属电线导管，首先应查看产品合格证内各种金属元素的成分是否符合要求，然后进行实物检查。检查导管表面锌层的质量，是否有漏镀和起皮现象。检查焊接导管的焊缝，将导管进行弯曲，是否出现弯曲部位焊缝有裂开现象。根据标准，用卡尺进行壁厚检查，防止壁厚未达标的导管用在工程上。另外要防止导管验收时按重量算或按长度算，如按重量算，一些供货商会提供壁厚超标的导管，按长度算，会提供一些壁厚未达标的导管。

3. 柔性电线导管

柔性电线导管，首先应检查产品合格证，然后对不同种类的导管进行实物检查。绝缘柔性导管，要进行明火试验，检查是否能阻燃自灭，以及导管是否有压扁现象。金属镀塑柔性导管，应对镀塑层进行阻燃自灭试验。金属镀锌柔性导管应检查其镀锌质量。

二、电线电缆

导体材料是用于输送和传导电流的一种金属，它具有电阻低、熔点高，机械性能好，密度小的特点，工程中通常是选用铜质或铝质导体。

（一）电线

电线又叫导线，在选用时，电线的额定电压与电流必须大于线路的工作电压。在一般民用建筑工程中，如住宅、公共建筑和一般工厂房，使用的照明和动力电压一般在220V和380V。因此，当我们采购电线时，应选用额定电压不低于500V的电线。

1. 橡皮绝缘电线

橡皮绝缘系列电线是供室内敷设用，有铜芯和铝芯之分，在结构上有单芯、双芯和三芯。长期使用温度不得超过60℃。

橡皮绝缘电线具有良好的耐老化性能和不延燃性，并具有一定的耐油、耐腐蚀性能，适用于户外敷设。其型号、用途及其他指标见表5-29、表5-30。

橡皮绝缘电线的型号和主要用途　　表5-29

型号	名称	主要用途
BX	铜芯橡皮线	供干燥和潮湿场所固定敷设用，用于交流额定电压250V和500V的电路中
BXR	铜芯橡皮软线	供安装在干燥和潮湿场所，连接电气设备的移动部分用，交流额定电压500V
BLX	铝芯橡皮线	与BX型电线相同
BXF	铜芯橡皮线	固定敷设，尤其适用于户外
BLXF	铝芯橡皮线	

橡皮绝缘电线芯数和截面范围　　表5-30

序号	型号	芯数	截面范围(mm^2)
1	BX	1	0.75～500
2	BX	2、3、4	1.0～95
3	BXR	1	0.75～400
4	BLX	1	2.5～630
5	BLX	2、3、4	2.5～120
6	BXF	1	0.75～95
7	BLXF	1	2.5～95

2. 聚氯乙烯绝缘电线

聚氯乙烯系列绝缘电线(简称塑料线)，具有耐油、耐燃、防潮、不发霉及耐日光、耐大气老化和耐寒等特点。可供各种交直流电器装置、电工仪表、电信设备、电力及照明装置配线用。其线芯长期允许工作温度不超过65℃，敷设温度不低于－15℃。主要性能见表5-31、表5-32。

聚氯乙烯绝缘电线的型号和主要用途　　表 5-31

型号	名称	主要用途
BLV(BV)	铝(铜)芯塑料线	交流电压 500V 以下，直流电压 1000V 以下室内固定敷设
BLVV(BVV)	铝(铜)芯塑料护套线	
BVR	铜芯塑料软线	交流电压 500V 以下，要求在电线比较柔软的场所敷设

聚氯乙烯绝缘电线芯数和截面范围　　表 5-32

序号	型号	芯数	截面范围(mm^2)
1	BV	1	0.03～185
2	BLV	1	1.5～185
3	BVR	1	0.75～50
4	BVV	2、3	0.75～10
5	BLVV	2、3	1.5～10

3. 聚氯乙烯绝缘电线(软)

聚氯乙烯绝缘系列电线(软)(简称塑料软线)，可供各种交直流移动电器、电工仪表、电器设备及自动化装置接线用，其线芯长期允许工作温度不超过 65℃，敷设温度不低于－15℃。截面为 0.06mm^2 及以下的电线，只适用于作低压设备内部接线，其有关性能指标见表 5-33、表 5-34。

聚氯乙烯绝缘电线(软)的型号和用途　　表 5-33

型号	名称	主要用途
RV	铜芯聚氯乙烯绝缘软线	供交流 250V 及以下各种移动电器接线用
RVB	铜芯聚氯乙烯绝缘平型软线	
RVB	铜芯聚氯乙烯绝缘绞型软线	
RVS	铜芯聚氯乙烯绝缘双绞型软线	
RVV	铜芯聚氯乙烯绝缘护套软线	同上，额定电压为 500V 及以下

聚氯乙烯绝缘电线的(软)芯数和截面范围　　表 5-34

序号	型号	芯数	截面范围(mm^2)
1	RV	1	0.012～6
2	RVB(平型)	2	0.012～2.5
3	RVB(绞型)	2	0.012～2.5
4	RVS	2	0.012～2.5
5	RVV	2、3、4	0.012～6
6	RVV	5、6、7	0.012～2.5
7	RVV	10、12、14、16、19	0.012～1.5

4. 丁腈聚氯乙烯复合物绝缘软线

丁腈聚氯乙烯复合物绝缘软线(简称复合物绝缘软线)，可供各种移动电器、无线电设备和照明灯座等接线用。其线芯的长期允许工作温度为70℃。主要性能指标见表5-35、表5-36。

丁腈聚氯乙烯复合物绝缘软线型号和主要用途　　表5-35

型号	名称	主要用途
RFB	铜芯丁腈聚氯乙烯复合物平型软线	供交流250V及以下和直流500V及以下各种移动电器接线使用
RFS	铜芯丁腈聚氯乙烯复合物绞型软线	

丁腈聚氯乙烯复合物绝缘软线芯数和截面范围　　表5-36

序号	型号	芯数	截面范围(mm^2)
1	RFB	2	0.12～2.5
2	RFS	2	0.12～2.5

5. 橡皮绝缘棉纱编织软线

橡皮绝缘棉纱编织软线适用于室内干燥场所，供各种移动式日用电器设备和照明灯座与电源连接用。线芯长期允许工作温度不超过65℃。其主要性能指标见表5-37、表5-38。

橡皮绝缘棉纱编织软线的型号和主要用途　　表5-37

型号	名称	主要用途
RXS	橡皮绝缘棉纱编织双绞软线	供交流250V以下和直流500V以下各种移动式日用电器设备和照明灯座与电源连接用
RX	橡皮绝缘棉纱总编织软线	

橡皮绝缘棉纱编织软线的芯数和截面范围　　表5-38

序号	型号	芯数	截面范围(mm^2)
1	RXS	1	0.2～2
2	RX	2	0.2～2
3	RX	3	0.2～2

6. 聚氯乙烯绝缘尼龙护套电线

聚氯乙烯绝缘尼龙护套电线系铜芯镀锡，用于交流250V以下、直流500V以下的低压线路中。线芯长期允许工作温度为－60～＋80℃，在相对湿度为98%条件下使用环境温度应不小于45℃。型号FVN聚氯乙烯绝缘尼龙护套电线的芯数为1，截面范围在0.3～3mm^2之间。

7. 线芯标称截面与结构，见表5-39～表5-41。

BX、BLX、BV、BLV、BVV、BXF、BLXF等型号电线的标称截面与线芯结构　表5-39

标称截面(mm^2)	线芯结构	标称截面(mm^2)	线芯结构	标称截面(mm^2)	线芯结构
	根数/线径(mm)		根数/线径(mm)		根数/线径(mm)
0.03	1/0.20	1.5	1/1.37	70	19/2.4
0.06	1/0.3	2.5	1/1.76	95	19/2.5

续表

标称截面 (mm²)	线芯结构	标称截面 (mm²)	线芯结构	标称截面(mm²)	线芯结构
	根数/线径(mm)		根数/线径(mm)		根数/线径(mm)
0.12	1/0.4	4	1/2.24	120	37/2.0
0.2	1/0.5	6	1/2.73	150	37/2.24
0.3	1/0.6	10	7/1.33	185	37/2.5
0.4	1/0.7	16	7/1.7	240	61/2.24
0.5	1/0.8	25	7/2.12	300	61/2.5
0.75	1/0.97	35	7/2.5	400	61/2.85
1.0	1/1.13	50	19/1.83		

BVR 型号电线的标称截面与线芯结构　　表 5-40

标称截面 (mm²)	线芯结构	标称截面 (mm²)	线芯结构	标称截面(mm²)	线芯结构
	根数/线径(mm)		根数/线径(mm)		根数/线径(mm)
0.75	7/0.37	4	19/0.52	25	98/0.58
1.0	7/0.43	6	19/0.64	35	133/0.58
1.5	7/0.52	10	49/0.52	50	133/0.68
2.5	19/0.41	16	49/0.64		

RFB、RFS、RXS、RX 型号电线的标称截面与线芯结构　　表 5-41

标称截面 (mm²)	线芯结构	标称截面 (mm²)	线芯结构	标称截面(mm²)	线芯结构
	根数/线径(mm)		根数/线径(mm)		根数/线径(mm)
0.12	7/0.15	0.5	28/0.15	2.0	64/0.2
0.2	12/0.15	0.75	42/0.15	2.5	77/0.2
0.3	16/0.15	1.0	32/0.2		
0.4	23/0.15	1.5	48/0.2		

（二）电缆

电缆的种类很多，它是根据用途对象，敷设部位及电缆本身的结构而选用。通常电缆分两大类即电力电缆和控制电缆。电力电缆是用于输送和分配大功率功能的，由于目前工程中，电源的高压部分是由供电部门负责施工，因此在一般情况下，选用额定电压 1kV 的电缆。控制电缆在配电装置中起传导操作电流、连接电气仪表、继电器的作用。在选用时应根据图纸要求，选用满足功能要求的多芯控制电缆。

电缆的种类很多，性能用途较广，在电缆的选用上，往往着重于使用，对是否阻燃这方面不予以重视。据有关资料反映在我国的火灾事故中，有相当部分的人因吸入电缆燃烧时释放出来的有毒气体而窒息死亡。因此人们必须根据电缆的有关性能，结合电缆敷设的环境、部位和施工图，严格选用电缆的型号。常见的辐照交联、低烟无卤、阻燃、耐热电缆在火烟中具有低烟无卤、无毒等功能。

1. 电力电缆

(1) 135℃辐照交联低烟无卤阻燃聚乙烯绝缘电缆

该电缆导体允许长期最高工作温度不大于135℃，当电源发生短路时，电缆温度升至280℃时，可持续时间达5min。电缆敷设时环境温度最低不得低于－40℃，施工时应注意电缆弯曲半径，一般不应小于电缆直径的20倍。常见的135℃辐照交联低烟无卤阻燃聚乙烯绝缘电缆的型号、名称、用途、芯数及截面范围见表5-42、表5-43，其他型号电缆性能指标见表5-44～表5-46。

135℃辐照交联低烟无卤阻燃聚乙烯绝缘电缆的型号和主要用途　　表5-42

型号	名称	主要用途
WJZ-BYJ(F)	铜芯辐照交联低烟无卤阻燃聚乙烯绝缘电线电缆	固定布线
WJZ-BYJ(F)R	软铜芯辐照交联低烟无卤阻燃聚乙烯绝缘电线电缆	固定布线要求柔软场合
WJZ-RYJ(F)	铜芯辐照交联低烟无卤阻燃聚乙烯绝缘软电线电缆	固定布线要求柔软场合
WJZ-BYJ(F)EB	铜芯辐照交联低烟无卤阻燃聚乙烯绝缘护套扁平电线电缆	固定布线
WDZN-BYJ(F)	铜芯辐照交联低烟无卤阻燃聚乙烯绝缘耐火电线电缆	固定布线

135℃辐照交联低烟无卤阻燃聚乙烯绝缘电缆芯数及截面范围　　表5-43

序号	型号	芯数	截面范围(mm^2)
1	WJZ-BYJ(F)	1	0.5～400
2	WJZ-BYJ(F)R	1	0.75～300
3	WJZ-RYJ(F)	1	0.5～300
4	WJZ-BYJ(F)EB	2、3	0.75～10
5	WDZN-BYJ(F)	1	0.5～400

WDZ-BYJ(F)型号电缆的标称截面与线芯结构　　表4-44

标称截面(mm^2)	线芯结构	标称截面(mm^2)	线芯结构	标称截面(mm^2)	线芯结构
	根数/线径(mm)		根数/线径(mm)		根数/线径(mm)
0.5	1/0.80	10	7/1.35	120	37/2.03
0.75	7/0.37	16	7/1.70	150	37/2.25
1	7/0.43	25	7/2.14	185	37/2.52
1.5	7/0.52	35	7/2.52	240	61/2.25
2.5	7/0.68	50	19/1.78	300	61/2.52
4	7/0.85	70	19/2.14	400	61/2.85
6	7/1.04	95	19/2.52		

WDZ-BYJ(F)R型号电缆的标称截面与线芯结构　　表4-45

标称截面(mm^2)	线芯结构	标称截面(mm^2)	线芯结构	标称截面(mm^2)	线芯结构
	根数/线径(mm)		根数/线径(mm)		根数/线径(mm)
0.75	19/0.22	10	49/0.52	95	259/0.68
1	19/0.26	16	49/0.64	120	427/0.60

续表

标称截面(mm²)	线芯结构	标称截面(mm²)	线芯结构	标称截面(mm²)	线芯结构
	根数/线径(mm)		根数/线径(mm)		根数/线径(mm)
1.5	19/0.32	25	133/0.49	150	427/0.67
2.5	19/0.41	35	133/0.58	185	427/0.74
4	19/0.52	50	133/0.68	240	427/0.85
6	49/0.40	70	259/0.58	300	549/0.83

WDZ-RPJ(F)型号电缆的标称截面与线芯结构　　表 4-46

标称截面(mm²)	线芯结构	标称截面(mm²)	线芯结构	标称截面(mm²)	线芯结构
	根数/线径(mm)		根数/线径(mm)		根数/线径(mm)
0.5	16/0.20	10	77/0.40	120	610/0.50
0.75	24/0.20	16	133/0.40	150	732/0.50
1	32/0.20	25	190/0.40	185	915/0.52
1.5	30/0.25	35	285/0.40	240	1220/0.50
2.5	50/0.25	50	399/0.40	300	1525/0.50
4	56/0.30	70	350/0.50		
6	84/0.30	95	481/0.50		

(2) 辐照交联低烟无卤阻燃聚乙烯电力电缆

该电缆导体允许长期最高工作温度不大于135℃，当电源发生短路时，电缆温度升至280℃时，可持续时间达5min。电缆敷设时环境温度最低不得低于－40℃，施工时应注意单芯电缆弯曲应不小于20倍电缆外径。多芯电缆应不小于15倍电缆外径。其性能指标见表5-47、表5-48。

辐照交联低烟无卤阻燃聚乙烯电力电缆的型号及主要用途　　表 5-47

型号	名称	主要用途
WDZ-YJ(F)E WDZ-YJ(F)Y	铜芯或铝芯辐照交联低烟无卤阻燃聚乙烯绝缘护套电力电缆	敷设在室外，可经受一定的敷设牵引，但不能承受机械外力作用的场合；单芯电缆不允许敷设在磁性管道中
WDZ-YJ(F)E22 WDZ-YJ(F)Y22	铜芯或铝芯辐照交联低烟无卤阻燃聚乙烯绝缘钢带铠装护套电力电缆	适用于埋地敷设，以承受机械外力作用，但不能承受大的拉力
WDZN-YJ(F)E WDZN-YJ(F)Y	铜芯辐照交联低烟无卤阻燃聚乙烯绝缘护套耐火电力电缆	敷设在室外，可经受一定的敷设牵引，但不能承受机械外力作用的场合；单芯电缆不允许敷设在磁性管道中
WDZN-YJ(F)E22 WDZN-YJ(F)Y22	铜芯辐照交联低烟无卤阻燃聚乙烯绝缘钢带铠装护套耐火电力电缆	适用于埋地敷设，以承受机械外力作用，但不能承受大的拉力

注：辐照交联低烟无卤阻燃聚乙烯电缆线芯可参照135℃辐照交联低烟无卤阻燃聚乙烯绝缘电缆。

辐照交联低烟无卤阻燃聚乙烯绝缘电缆芯数及截面范围　　表 5-48

序号	型号	芯数	截面范围(mm^2)
1	WDZ-YJ(F)E WDZ-YJ(F)Y	1～5	1.5～300
2	WDZ-YJ(F)E22 WDZ-YJ(F)Y22	1～5	4～300
3	WDZN-YJ(F)E WDZN-YJ(F)Y	1～5	1.5～300
4	WDZN-YJ(F)E22 WDZN-YJ(F)Y22	1～5	4～10

注：芯数 1 为单芯电缆，标称截面为 1×(导线截面)；芯数 2 为双芯电缆，标称截面为 2×(导线截面)；芯数 3 为三芯电缆，标称截面为 3×(导线截面)；芯数 4 为四芯电缆，标称截面为 4×(导线截面)。

2. 控制电缆

辐照交联低烟无卤阻燃聚乙烯控制电缆，该电缆导体允许长期工作温度不大于 135℃，当电源发生短路时，电缆温度升至 280℃时，可持续时间达 5min。电缆敷设时环境温度最低不得低于－40℃，施工时应注意电缆弯曲半径，不得小于电缆直径的 10 倍。其性能指标见表 5-49、表 5-50。

辐照交联低烟无卤阻燃聚乙烯控制电缆的型号和主要用途　　表 5-49

型号	名称	主要用途
WDZ-KYJ(F)E	铜芯辐照交联低烟无卤阻燃聚乙烯绝缘及低烟无卤阻燃聚乙烯护套控制电缆	报警系统、消防系统、门示系统、BA 系统、可视系统等弱电系统，亦可用于强电配电柜箱内二次线的连接
WDZ-KYJ(F)E22	铜芯辐照交联低烟无卤阻燃聚乙烯绝缘及低烟无卤阻燃聚乙烯护套钢带铠装控制电缆	
WDZ-KYJ(F)E32	铜芯辐照交联低烟无卤阻燃聚乙烯绝缘及低烟无卤阻燃聚乙烯护套细钢丝铠装控制电缆	
WDZ-KYJ(F)	铜芯辐照交联低烟无卤阻燃聚乙烯绝缘及低烟无卤阻燃聚乙烯护套铜丝编织屏蔽控制电缆	
WDZ-KYJ(F)EP	铜芯辐照交联低烟无卤阻燃聚乙烯绝缘及低烟无卤阻燃聚乙烯护套铜带屏蔽控制电缆	
WDZN-KYJ(F)E	铜芯辐照交联低烟无卤阻燃聚乙烯绝缘及低烟无卤阻燃聚乙烯护套耐火控制电缆	

辐照交联低烟无卤阻燃聚乙烯控制电缆的芯数和导体的标称截面　　表 5-50

芯数	标称截面					芯数	标称截面				
	$1mm^2$	$1.5mm^2$	$2.5mm^2$	$4mm^2$	$6mm^2$		$1mm^2$	$1.5mm^2$	$2.5mm^2$	$4mm^2$	$6mm^2$
4	有	有	有	有	有	24	有	有	有		
5	有	有	有	有	有	27	有	有	有		
6	有	有	有	有	有	30	有	有	有		
7	有	有	有	有	有	33	有	有	有		
8	有	有	有	有	有	37	有	有	有		
10	有	有	有	有	有	44	有	有	有		
12	有	有	有	有	有	48	有	有	有		
14	有	有	有	有	有	52	有	有	有		
16	有	有	有			61	有	有	有		
19	有	有	有								

（三）验收

产品验收前，首先应查看该型号产品的生产许可证，并有国家认可的检测机构出具的检测报告和该批产品的合格证，其次查看产品实物。产品实物主要从七个方面查看：一是导线表面上是否有产品生产厂家的全称和有关技术参数；二是检查金属导体的质量，是否有可塑性，防止再生金属用于产品上；三是用卡尺对金属导体的直径进行测量，检查是否达到产品规定的要求；四是截取一段多股导线，剥离绝缘层进行根数检查，查验多股导线的总根数是否达到产品规定的根数；五是进行长度测量，检查是否有“短斤缺两”现象；六是根据检测报告，检查导线表面的绝缘层的厚度；七是导线各种型号的数量，是否满足工程的需要。

三、开关与插座

在电源线路中，开关的作用是切断或连通电源，而插座是为用电设备提供电源时的一个连接点。常见的微型断路器，它具有当导线过载、短路或电压突然升高进行保护和隔离功能。微型断路器的外壳是采用高绝缘性和高耐热性材料生成的，燃烧时没有熔点，即使是明火，也只会逐步碳化而不熔化，故使用相当安全。86 系列开关与插座具有美观性，操作方便，使用灵活，它的面板采用耐高温、抗冲击、阻燃性能好的聚碳酸酯材料生成。开关采用纯银触点，最大程度减小了接触电阻，长时间使用，不会形成发热现象，且通断自如，使用次数高达 40000 次。插座采用加厚磷青铜，弹性极佳，使插头与插座接触紧密，当设备用电负荷过大时不形成升温，增加了使用寿命。因此微型断路器、86 型系列开关、插座，目前在工程中被广泛使用。

（一）微型断路器与开关插座的分类

1. 微型断路器型号说明

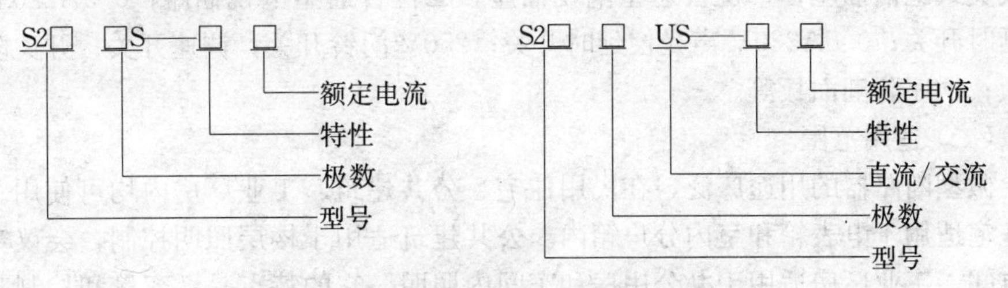

特性 C——对高感性负荷和高感照明系统提供线路保护。

特性 D——对高感性负荷有较大冲击电流产生的配电系统提供线路保护。

特性 K——对额定电流 40A 以下的电动机系统及变压器配电系统提供可靠保护。

微型断路器品种及性能指标见表 5-51。

S250S、S260、S270、S280、S280DC、S290 系列产品　　表 5-51

系列名称	额定电流（A）	一极	二极	三极	四极
S250S-C	1-63	S251S-C(1-63)	S252S-C(1-63)	S253S-C(1-63)	S254S-C(1-63)
S250S-D	4-63	S251S-D(4-63)	S252S-D(4-63)	S253S-D(4-63)	S254S-D(4-63)
S250S-K	1-40	S251S-K(1-40)	S252S-K(1-40)	S253S-K(1-40)	S254S-K(1-40)
S260-C	0.5-63	S261-C(0.5-63)	S262-C(0.5-63)	S263-C(0.5-63)	S264-C(0.5-63)

续表

系列名称	额定电流(A)	一极	二极	三极	四极
S260-D	0.5-63	S261-D(0.5-63)	S262-D(0.5-63)	S263-D(0.5-63)	S264-D(0.5-63)
S270-C	6-63	S271-C(6-63)	S272-C(6-63)	S273-C(6-63)	S274-C(6-63)
S280-C	80-100	S281-C(80-100)	S282-C(80-100)	S283-C(80-100)	S284-C(80-100)
S280UC-C	0.5-63	S281UC-C(0.5-63)	S282UC-C(0.5-63)	S283UC-C(0.5-63)	
S280UC-K	0.5-63	S281UC-K(0.5-63)	S282UC-K(0.5-63)	S283UC-K(0.5-63)	
S290-C	80-125	S291-C(80-125)	S292-C(80-125)	S293-C(80-125)	S294-C(80-125)

注：1. 额定电流系列有0.5、1、2、3、4、6、10、16、20、25、32、40、50、63共十四种规格。

2. 应根据用电负荷量，按微型断路器的额定电流系列的规格，选择满足功能要求的微型断路器。

2. 开关与插座

开关和插座的主要规格有：

10A250V单联单控开关、10A250V单联双控开关；10A250V双联单控开关、10A250V双联双控开关；10A250V三联单控开关、10A250V三联双控开关；10A250V四联单控开关、10A250V四联双控开关；10A250V五联单控开关、10A250V五联双控开关；

10A250V单相三极插座；10A250V单相二极和单相三极插座；10A250V单相二极和单相三极插座，单相三极带开关组合插座；10A250V双联单相二极扁圆双用插座；16A250V双联美式电脑插座；13A250V单相三极方脚插座；10A250V单相三极万能插座；10A250V单相二极和单相三极组合万能插座；25A440V三相四极插座；一位四线美式电话插座；二位四线美式电话插座；一位六线美式电话插座；一位普通型电视插座；二位普通型电视插座；0.5A220V轻触延时开关；0.5A220V声光控延时开关；250V门铃开关；调速开关；开关防潮面板；插座防潮面板等。

（二）适用范围

微型断路器的用途广泛，在民用住宅、公共建筑、工业厂房内均可使用。民用住宅适用于电表箱和室内分户箱内。公共建筑适用于楼层照明控制，会议室和配电间。工业厂房适用于办公用房和车间内照明。它的特点是：容量和控制范围大，能同时切断某个部位的电源，并对电源电流量升高提供线路保护。

（三）验收

微型断路器、开关与插座验收时，应先查看企业的生产许可证和产品合格证，其次进行实物检查。实物检查的主要内容：一是微型断路器的型号与规格是否与图纸要求相符；二是检查接线桩头是否完好，螺丝是否齐全；三是检查开关启闭是否灵活。四是检查是否具有阻燃性。

目前市场上的假冒伪劣产品主要反映在两个方面：一是用劣质的原料加工成面板；二是用再生铜加工成铜片。当这些伪劣产品流入市场，在多次使用后，铜片发热，刚性退化，使连接点处的电阻增大，热量上升，从而引发烧毁现象，严重的将燃烧。所以在采购和验收时应特别注意。

主要参考文献

［1］ 上海市建筑材料质量监督站，上海市建筑施工行业协会工程质量安全专业委员会．材料员必读．北京：中国建筑工业出版社，2005.

［2］ 梁敦维．材料员．太原：山西科学技术出版社，2000.

［3］ 潘全祥．材料员．北京：中国建筑工业出版社，2004.

［4］ 张元发等．建设工程质量员检测见证取样员手册．北京：中国建筑工业出版社，2003.

［5］ 汪黎明．常用建筑材料与结构工程检测．郑州：黄河水利出版社，2002.

尊敬的读者：

感谢您选购我社图书！建工版图书按图书销售分类在卖场上架，共设22个一级分类及43个二级分类，根据图书销售分类选购建筑类图书会节省您的大量时间。现将建工版图书销售分类及与我社联系方式介绍给您，欢迎随时与我们联系。

★建工版图书销售分类表（见下表）。

★欢迎登陆中国建筑工业出版社网站www.cabp.com.cn，本网站为您提供建工版图书信息查询，网上留言、购书服务，并邀请您加入网上读者俱乐部。

★中国建筑工业出版社总编室　电　话：010—58337016　传　真：010—68321361

★中国建筑工业出版社发行部　电　话：010—58337346　传　真：010—68325420
E-mail：hbw@cabp.com.cn

建工版图书销售分类表

一级分类名称（代码）	二级分类名称（代码）
建筑学（A）	建筑历史与理论（A10）
	建筑设计（A20）
	建筑技术（A30）
	建筑表现・建筑制图（A40）
	建筑艺术（A50）
建筑设备・建筑材料（F）	暖通空调（F10）
	建筑给水排水（F20）
	建筑电气与建筑智能化技术（F30）
	建筑节能・建筑防火（F40）
	建筑材料（F50）
城市规划・城市设计（P）	城市史与城市规划理论（P10）
	城市规划与城市设计（P20）
室内设计・装饰装修（D）	室内设计与表现（D10）
	家具与装饰（D20）
	装修材料与施工（D30）
建筑工程经济与管理（M）	施工管理（M10）
	工程管理（M20）
	工程监理（M30）
	工程经济与造价（M40）
艺术・设计（K）	艺术（K10）
	工业设计（K20）
	平面设计（K30）
执业资格考试用书（R）	
高校教材（V）	
高职高专教材（X）	
中职中专教材（W）	

一级分类名称（代码）	二级分类名称（代码）
园林景观（G）	园林史与园林景观理论（G10）
	园林景观规划与设计（G20）
	环境艺术设计（G30）
	园林景观施工（G40）
	园林植物与应用（G50）
城乡建设・市政工程・环境工程（B）	城镇与乡（村）建设（B10）
	道路桥梁工程（B20）
	市政给水排水工程（B30）
	市政供热、供燃气工程（B40）
	环境工程（B50）
建筑结构与岩土工程（S）	建筑结构（S10）
	岩土工程（S20）
建筑施工・设备安装技术（C）	施工技术（C10）
	设备安装技术（C20）
	工程质量与安全（C30）
房地产开发管理（E）	房地产开发与经营（E10）
	物业管理（E20）
辞典・连续出版物（Z）	辞典（Z10）
	连续出版物（Z20）
旅游・其他（Q）	旅游（Q10）
	其他（Q20）
土木建筑计算机应用系列（J）	
法律法规与标准规范单行本（T）	
法律法规与标准规范汇编/大全（U）	
培训教材（Y）	
电子出版物（H）	

注：建工版图书销售分类已标注于图书封底。